개성있는 무늬 뜨기 손뜨개 코바늘 무늬집

임현지 지음

예신 Books

Hand knitted Pattern

첨단 소재를 통한 미래 지향적인 감각과 함께 복고의 바람도 불어 니트가 다시 유행하기 시작하는 요즘, 나만의 개성을 살려 세상에 하나뿐인 니트를 내손으로 만든다면 얼마나 뿌듯할까?

다양한 소재의 실과 바늘뿐만 아니라 인터넷에 넘쳐나는 많은 정보들로 손뜨개 환경이 풍성해진 이 때, 조금만 노력한다면 단 하나밖에 없는 핸드 메이드로서의 희소가치와 멋진 작품을 자랑할 수 있을 것이다. 특히, 우리나라 사람들의 훌륭한 솜씨는 세계가 인정하고 있으며, 한류를 타고 니터들의 작품이 세계 곳곳의 패션 시장을 선도할 수 있을거라 기대해 본다.

이 책은 코바늘뜨기 무늬집으로써 대중적이고 활용도가 높은 무늬들과 새로운 무늬들을 이용하여 우리 주변에서 많이 사용되는 여러 종류의 생활용품들을 뜨개한 작품들로 구성하였다. 각 작품에 사용된 무늬들을 자세한 도안과 함께 실어 줌으로써 누구나 쉽게 따라할 수 있도록 하였다. 뜨개를 하는 사람이라면 누구라도 호감을 사는 심플한 무늬부터 화려한 무늬까지 코바늘뜨기 무늬들을 총망라하였다.

여러 가지 도안과 패턴을 작업해 보면 같은 무늬라도 한 단, 한 코, 실의 굵기와 종류, 색상을 어떻게 쓰느냐에 따라 새로운 무늬가 나올 수 있다는 것을 알 수 있을 것이다.

이 책의 무늬뜨기 패턴에는 1무늬의 콧수와 단수가 표시되어 있다. 그것을 따라 되풀이해 뜨게 되면 원하는 좋은 무늬가 나올 수 있을 것이다. 아무쪼록 이 책을 참고하여 여러 가지 작품을 응용할 수 있게 되길 바라며, 특히 새롭고 독특한 무늬를 찾는 분들께 큰 도움이 되었으면 한다.

끝으로 본 책을 통해서 많은 디자이너들의 고민이 다소나마 해소되길 바라며 오랜시간 함께 고생해온 도서출판 예신Books 직원 여러분께 감사의 마음을 전한다.

저자 씀

차 례

21

121

131

141

Hand knitted Pattern

169

215

283

285

293

사슬뜨기

짧은뜨기

긴뜨기

1길 긴뜨기

2길 긴뜨기

3길 긴뜨기

4길 긴뜨기

사슬 3코 피코뜨기

사슬 3코 빼뜨기 피코

1길 긴뜨기 2코 모아뜨기

1길 긴뜨기 2코 구멍에 넣어
방울뜨기

1길 긴뜨기 3코 모아뜨기

1길 긴뜨기 3코 방울뜨기

1길 긴뜨기 3코 구멍에 넣어
방울뜨기

1길 긴뜨기 5코 방울뜨기

1길 긴뜨기 5코 구멍에 넣어
방울뜨기

1길 긴뜨기 5코 팝콘뜨기

1길 긴뜨기 5코 구멍에 넣어
팝콘뜨기

1길 긴뜨기 5코 모아뜨기

1코에 1길 긴뜨기 2코 떠넣기

구멍에 1길 긴뜨기 2코 떠넣기

1코에 1길 긴뜨기 3코 떠넣기

구멍에 1길 긴뜨기 3코 떠넣기

1코에 1코 간격 1길 긴뜨기 2코뜨기

1코에 3코 간격 1길 긴뜨기
2코뜨기

1코에 1길 긴뜨기 4코뜨기

구멍에 1길 긴뜨기 5코뜨기

1코에 1길 긴뜨기
5코 부채모양 뜨기

구멍에 1길 긴뜨기
5코 부채모양 뜨기

1코에 1길 긴뜨기 1코 간격 4코뜨기
(셸뜨기)

구멍에 1길 긴뜨기 2코 간격
6코뜨기(셸뜨기)

1길 긴뜨기 겉으로 걸어뜨기

1길 긴뜨기 안으로 걸어뜨기

7보뜨기

긴뜨기 3코 방울뜨기

긴뜨기 3코 2단 방울뜨기

이중 방울뜨기

1코 간격 Y자 뜨기

2코 간격 X자 뜨기

거꾸로 Y자 뜨기

코바늘뜨기 방법

1

 ⬭ **사슬뜨기**

❶ 화살표 방향으로 바늘에 실을 감는다.

❷ 고리의 중심으로 실을 꺼낸다.

❸ 실을 걸어서 2코를 뜬다.

❹ 시작코는 1코로 세지 않는다.

❺ 사슬뜨기 코의 바깥쪽과 안쪽이다. 사슬뜨기 코 만들기에서 코를 주울 때 보통 사슬의 뒷고리에서 1개씩 줍는다.

2

 ✚ **짧은뜨기**

❶ 사슬 1코를 세워서 2코째 뒷고리에 바늘을 넣는다.

❷ 바늘에 실을 걸어서 화살표와 같이 빼낸다.

❸ 한번 더 실을 걸어서 2개의 고리를 한번에 빼낸다.

❹ 짧은뜨기 1코를 뜬다.

❺ ❶~❸을 반복하면 짧은뜨기 3코가 떠진다.

3

 ⊤ **긴뜨기**

❶ 사슬 2코를 기둥으로 하여 바늘에 실을 감아 바늘에서 4번째 사슬의 뒷고리에 바늘을 넣는다.

❷ 실을 걸어서 고리를 빼내고, 3개의 고리를 한번에 빼낸다.

❸ 긴뜨기 1코를 완성한 후, 다음 코를 화살표 위치에 넣어 뜬다.

❹ 기둥을 1코로 셀 수 있으므로 긴뜨기 4코가 된다.

4

 ⊤ **1길 긴뜨기**

❶ 사슬 3코로 기둥을 세우고 바늘에 실을 감아 5코째 사슬 뒷고리에 넣는다.

❷ 실을 빼내서 다시 실을 걸어 고리 2개만 빼낸다.

❸ 한번 더 실을 걸어서 나머지 2개를 빼낸다.

❹ 1길 긴뜨기가 완성되면 다음 코에도 ❶~❸을 반복한다.

2길 긴뜨기

5

기둥 4코

시작코 받침코

❶ 바늘에 실을 2번 감아 6번째 코 뒷고리에 넣는다.

❷ 실을 빼면서 화살표와 같이 2개만 빼낸다.

❸ 다시 실을 화살표와 같이 2개씩 빼낸다.

❹ 다시 한번 실을 걸어서 나머지 2개를 빼낸다.

❺ 2길 긴뜨기가 완성되면 ❶~❹를 다시 반복한다.

3길 긴뜨기

6

기둥 5코

시작코 받침코

❶ 바늘에 실을 3번 감아서 7번째 사슬코 뒷고리에 넣는다.

❷ 실을 빼면서 화살표와 같이 2개 고리를 빼낸다.

❸ 실을 걸어서 화살표와 같이 2개씩 빼낸다.

❹ 마지막 2개를 빼내면 완성된다.

❺ 기둥을 1코로 셀 수 있으므로 4코가 된다.

4길 긴뜨기

7

기둥 6코

시작코 받침코

❶ 바늘에 실을 4번 감아서 8번째 사슬코 뒷고리에 넣는다.

❷ 고리를 빼내서 실을 걸고 또 2개를 빼낸다.

❸ 다음부터 실을 걸어서 2개를 빼내는 것을 4번 반복한다.

❹ 4길 긴뜨기 3코를 떴다. 기둥을 포함해서 4코가 된다.

사슬 3코 피코뜨기

8

사슬 3코

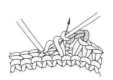

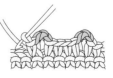

❶ 사슬 3코를 뜬 다음에 화살표와 같이 바늘을 넣는다.

❷ 바늘에 실을 걸어서 빼내고, 다시 실을 걸어서 짧은뜨기를 뜬다.

❸ 사슬 3코 피코뜨기 1개가 완성되었다.

❹ 4코 간격으로 2번째 피코뜨기가 완성되었다.

9 사슬 3코 빼뜨기 피코

 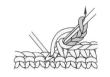  

❶ 사슬 3코를 뜨고, 짧은뜨기의 머리 반코와 발 하나에 화살표와 같이 바늘을 넣는다.

❷ 바늘에 실을 걸어 화살표처럼 한번에 빼낸다.

❸ 다음 코를 뜨면 빼뜨기 피코가 완성된다.

❹ 4코 간격을 두고 다음 피코를 뜨고 나서 짧은뜨기 1코를 뜬다.

10 1길 긴뜨기 2코 모아뜨기

❶ 먼저 미완성 1길 긴뜨기를 1개 뜨고, 다음 코에도 같은 모양을 뜬다.

❷ 바늘에 걸려 있는 3개 고리를 한번에 빼낸다.

❸ 1길 긴뜨기 2코 모아뜨기를 완성한다. 다음은 화살표의 위치에서 뜬다.

❹ 2개째 1길 긴뜨기 2코 모아뜨기가 완성되었다.

11 1길 긴뜨기 2코 구멍에 넣어 방울뜨기

❶ 바늘에 실을 감아서 전단의 화살표 위치에 집어 넣는다.

❷ 미완성 1길 긴뜨기를 같은 위치에 한 번 더 반복한다.

❸ 바늘에 실을 감아서 화살표와 같이 고리 3개를 한 번에 빼낸다.

❹ 1길 긴뜨기 2코 방울뜨기를 하고, 사슬을 3코 떠서 계속한다.

12 1길 긴뜨기 3코 모아뜨기

❶ 미완성 1길 긴뜨기를 1코 뜨고, 계속해서 화살표와 같이 2코 더 뜬다.

❷ 바늘에 실을 감아서 화살표와 같이 바늘에 걸린 4개 고리를 한번에 빼뜬다.

❸ 1길 긴뜨기 3코 모아뜨기가 완성되었다. 사슬 3코를 뜬 다음 화살표의 3코에 떠 넣는다.

❹ 2개가 완성되었다. 다음의 코를 뜨게 되면 처음 부분이 안정된다.

13 · 1길 긴뜨기 3코 방울뜨기

❶ 기둥은 사슬 3코이다. 먼저 미완성 1길 긴뜨기를 1코 뜬다.

❷ 같은 코에 바늘을 넣어서 미완성 1길 긴뜨기를 2코 뜬다.

❸ 바늘에 실을 걸어 화살표와 같이 고리 4개를 한 번에 빼낸다.

❹ ❶~❸을 되풀이해서 1길 긴뜨기 3코 방울뜨기 2개가 완성되었다.

14 · 1길 긴뜨기 3코 구멍에 넣어 방울뜨기

❶ 바늘에 실을 걸어 화살표 방향으로 넣어서 전단 구멍에 뜬다.

❷ 실을 빼서 고리 2개를 빼내고, 미완성 1길 긴뜨기를 1코 뜬다.

❸ 같은 위치에 다시 2코 떠서 4개 고리를 한 번에 빼낸다.

❹ ❶~❸을 반복하면 1길 긴뜨기 3코 방울뜨기 2개가 완성된다.

15 · 1길 긴뜨기 5코 방울뜨기

❶ 바늘에 실을 감아서 화살표가 표시된 코에 미완성 1길 긴뜨기를 1코 뜬다.

❷ 같은 코에 4번 더 바늘을 넣어서 미완성 1길 긴뜨기를 4코 떠넣는다.

❸ 바늘에 걸려 있는 6개의 고리를 한번에 빼낸다.

❹ 사슬뜨기 3코를 떠서 ❶~❸을 반복한다. 1길 긴뜨기 5코 방울뜨기를 2개 완성하였다.

16 · 1길 긴뜨기 5코 구멍에 넣어 방울뜨기

❶ 바늘에 실을 감아 화살표 위치에 넣는다.

❷ 실을 걸어서 고리 2개만 빼내어 미완성 1길 긴뜨기를 뜬다.

❸ 같은 위치에 바늘을 넣어서 미완성 1길 긴뜨기를 4코 더 뜬다.

❹ 6개 고리를 한 번에 빼내서 방울뜨기를 완성한다.

17   1길 긴뜨기 5코 팝콘뜨기

❶ 같은 코에 1길 긴뜨기 5코를 뜨고, 일단 바늘을 바꾸어 1길 긴뜨기 첫 번째 코에 집어 넣는다.

❷ 1길 긴뜨기 첫 번째 코의 앞쪽으로 빼내어 다시 사슬뜨기를 해서 잡아 당긴다.

❸ 1길 긴뜨기 5코 팝콘뜨기 2개가 완성되었다.

18   1길 긴뜨기 5코 구멍에 넣어 팝콘뜨기

❶ 바늘에 실을 감아서 화살표의 위치에 바늘을 넣고 실을 건다.

❷ 1길 긴뜨기 5코를 뜨고, 바늘을 바꾸어 1길 긴뜨기 첫 번째 코에 집어 넣는다.

❸ 고리를 첫 번째 코의 머리 부분에 빼내고, 다시 사슬뜨기 1코를 잡아당긴다.

❹ 구멍에 넣어 뜨는 팝콘뜨기 2개가 완성되었다.

19   1길 긴뜨기 5코 모아뜨기

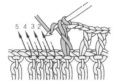
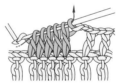

❶ 화살표 위치에 바늘을 넣고 실을 걸어서 고리를 2개만 빼낸다.

❷ 화살표 위치에 바늘을 넣어서 ❶과 같은 모양으로 미완성 1길 긴뜨기를 4코 더 뜬다.

❸ 바늘에 실을 감아 걸려 있는 6개 고리를 한 번에 빼낸다.

❹ 1길 긴뜨기 5코를 한번에 뜨고, 사슬뜨기 3코를 떠서 다음 단계를 계속한다.

20   1코에 1길 긴뜨기 2코 떠넣기

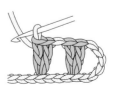

❶ 먼저 1길 긴뜨기를 1코 뜨고, 같은 코에 화살표와 같이 바늘을 넣는다.

❷ 바늘에 실을 감아 고리를 2개씩 빼내어 1길 긴뜨기를 뜬다.

❸ 1코에 1길 긴뜨기 2코 떠 넣기 1개가 완성되었다.

❹ 사슬 1코의 간격을 두고 2째째 뜬 것이다.

21 구멍에 1길 긴뜨기 2코 떠넣기

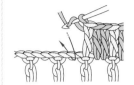 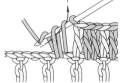 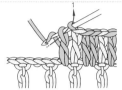 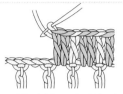

❶ 바늘에 실을 감아서 전단의 화살표 위치에 넣는다.

❷ 실을 걸어서 빼내고, 화살표와 같이 고리를 2개만 빼낸다.

❸ 다시 남은 고리도 2개 빼내서 1길 긴뜨기 1코를 뜬다.

❹ 같은 위치에 1코 더 떠 넣으면 구멍에 뜬 1길 긴뜨기 2코가 완성된다.

22 1코에 1길 긴뜨기 3코 떠넣기

❶ 1길 긴뜨기를 1코 떠서 같은 코에 바늘을 넣어 다시 1코를 뜬다.

❷ 바늘에 실을 감아서 한번 더 같은 위치에 넣는다.

❸ 고리를 빼내서 1길 긴뜨기를 뜨고, 1코에 3코를 떠 넣어 완성한다.

❹ 사슬 1코의 간격을 두고 2개가 완성되었다.

23 구멍에 1길 긴뜨기 3코 떠넣기

 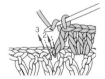 

❶ 바늘에 실을 감아서 화살표와 같이 전단의 구멍에 넣어 뜬다.

❷ 1길 긴뜨기 1코를 뜨고, 같은 위치에 바늘을 넣어 2코를 더 뜬다.

❸ 구멍에 1길 긴뜨기 3코 떠넣기 2개가 완성되었다.

24 1코에 1코 간격 1길 긴뜨기 2코뜨기

❶ 사슬 3코로 기둥을 세우고, 받침코에서부터 2번째 코 뒷고리에 1길 긴뜨기를 1코 뜬다.

❷ 사슬을 1코 뜨고 1길 긴뜨기를 뜬 같은 위치에 바늘을 집어 넣는다.

❸ 고리를 빼내고 실을 걸어 2개씩 빼내면 완성된다.

❹ 사슬 2코 간격으로 1코에 1코 간격 1길 긴뜨기 2코뜨기 2개가 완성되었다.

25 1코에 3코 간격 1길 긴뜨기 2코뜨기

❶ 사슬 3코로 기둥을 세우고, 받침코에서부터 3번째 코에 1길 긴뜨기를 1코 뜬다.

❷ 사슬 3코를 뜨고, 1길 긴뜨기와 같은 위치에 화살표와 같이 바늘을 넣는다.

❸ 고리를 빼내어 실을 걸어서 2개씩 빼낸다.

❹ 사이에 사슬 3코를 넣은 1길 긴뜨기 2코가 완성되었다.

26 1코에 1길 긴뜨기 4코뜨기

❶ 사슬 3코로 기둥을 세우고, 받침코에서 4번째 코에 바늘을 넣어서 1길 긴뜨기를 뜬다.

❷ 실을 감아서 1길 긴뜨기와 같은 코에 바늘을 넣어 1코 더 뜬다.

❸ 실을 감아서 같은 위치에 바늘을 넣어 2코 더 뜬다.

❹ 1코에 1길 긴뜨기를 4코 떠 넣으면 완성된다.

27 구멍에 1길 긴뜨기 5코뜨기

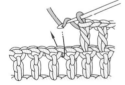

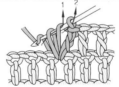
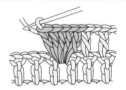

❶ 바늘에 실을 걸어서 화살표와 같이 전단의 구멍에 집어 넣는다.

❷ 바늘에 실을 걸어서 빼내고, 고리 2개씩 빼내어 1길 긴뜨기를 1코 뜬다.

❸ 전단의 같은 위치에 바늘을 넣어 1길 긴뜨기를 1코 더 뜬다.

❹ 1길 긴뜨기 5코를 구멍에 넣어 뜨면 완성된다.

28 1코에 1길 긴뜨기 5코 부채모양 뜨기

❶ 짧은뜨기를 1코 뜨고, 바늘에 실을 감아서 3번째 코에 넣는다.

❷ 실을 빼내서 고리 2개씩 빼내어 1길 긴뜨기를 뜬다.

❸ 같은 코에 4코 더 뜨고, 3번째 코에 짧은뜨기를 뜬다.

❹ 1길 긴뜨기를 5코 떠 넣은 부채모양 뜨기 2개가 완성되었다.

구멍에 1길 긴뜨기 5코 부채모양 뜨기

29

 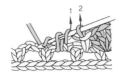  

❶ 짧은뜨기를 1코 뜨고, 바늘에 실을 감아서 전단 고리에 넣는다.

❷ 실을 빼내서 화살표와 같이 2개씩 빼내어 1길 긴뜨기를 뜬다.

❸ 같은 위치에 바늘을 넣은 후 4코 뜨고, 다시 화살표 위치에 넣는다.

❹ 짧은뜨기를 하고 1길 긴뜨기 5코를 구멍에 넣어 뜨면 부채모양 뜨기가 완성된다.

 1코에 1길 긴뜨기 1코 간격 4코뜨기(셸뜨기)

30

❶ 사슬뜨기 3코로 기둥을 세우고, 바늘에 실을 감아서 받침코에서 3번째 코에 넣는다.

❷ 같은 코에 1길 긴뜨기를 2코 뜬다. 사슬뜨기를 1코 뜨고, 같은 위치에 바늘을 넣는다.

❸ 다시 1길 긴뜨기를 2코 뜨고, 사이에 사슬뜨기 1코를 넣어 뜨면 셸뜨기가 완성된다.

 구멍에 1길 긴뜨기 2코 간격 6코뜨기(셸뜨기)

31

❶ 우선 짧은뜨기를 1코 뜨고, 전단의 고리에 바늘을 넣는다.

❷ 같은 위치에 바늘을 넣어서 1길 긴뜨기를 3코 뜨고, 다음에 사슬뜨기를 2코 뜬다.

❸ 같은 위치에 다시 1길 긴뜨기를 3코 뜨고, 다음 고리에 바늘을 넣는다.

❹ 짧은뜨기 1코를 뜨고, 1길 긴뜨기(2코 간격) 6코를 구멍에 넣어 뜨면 셸뜨기가 완성된다.

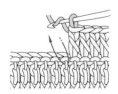 **1길 긴뜨기 겉으로 걸어뜨기**

32

 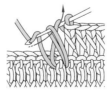 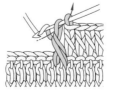 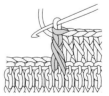

❶ 화살표와 같이 전단 코의 아래에 바깥쪽부터 바늘을 넣는다.

❷ 바늘에 실을 걸어서 길게 빼내어 고리 2개만 빼낸다.

❸ 화살표와 같이 남은 고리 2개를 빼내서 1길 긴뜨기를 뜬다.

❹ 1길 긴뜨기 겉으로 코 빼기가 완성되었다.

1길 긴뜨기 안쪽으로 걸어뜨기

33

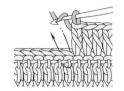 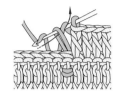  

❶ 화살표와 같이 전단의 코 아래에 안쪽으로 바늘을 넣는다.

❷ 바늘에 실을 걸어서 길게 빼내어 고리 2개만 빼뜬다.

❸ 화살표와 같이 남은 2개의 고리를 빼내서 1길 긴뜨기를 뜬다.

❹ 1길 긴뜨기 안쪽으로 걸어뜨기가 완성되었다.

7보뜨기

34

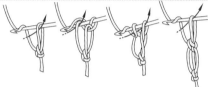  

짧은뜨기 1코

❶ 사슬고리를 길게 늘어뜨려 고리를 뺀 뒤, 뒷고리에 다시 실을 걸어 낸다. 바늘에 2고리를 한 번에 빼고 길게 늘어뜨린다.

❷ 다음 단으로 넘길 때는 짧은뜨기 매듭에 바늘을 넣고 실을 걸어 짧은뜨기한다.

❸ ❶~❷를 반복해 동그란 고리를 만든다.

긴뜨기 3코 방울뜨기

35

❶ 바늘에 실을 걸어서 화살표 위치에 넣고 실을 걸어 뺀다.

❷ 바늘에 실을 걸어서 화살표와 같이 같은 위치에 넣는다.

❸ ❶~❷를 1회 더 반복한다.

❹ 바늘에 걸린 7고리를 한꺼번에 뺀다.

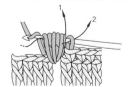

긴뜨기 3코 2단 방울뜨기

36

전단 구멍에 긴뜨기 3개를 걸어준 뒤 1차로 7고리만 빼고, 2차로 나머지 2고리를 뺀다.

이중 방울뜨기

37

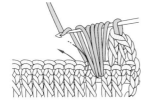 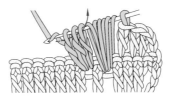 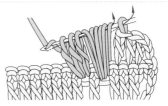

 한 코에 긴뜨기를 3번하고, 2코 건너 바늘에 실을 걸어 화살표와 같이 바늘을 넣는다.

❷ 2코 건넌 자리에 1길 긴뜨기 3코 방울을 만든다. 완성 전까지 작업해 바늘에 10고리를 만든다.

❸ 9고리를 한꺼번에 빼고 나머지 2고리를 빼면 이중 방울뜨기가 완성된다.

 1코 간격 Y자 뜨기

38

 바늘에 실을 2회 감아 화살표 자리에 바늘을 넣고 실을 걸어 뺀다.

❷ 2고리씩 3회 빼낸 뒤 2길 긴뜨기를 뜬다.

❸ 사슬 1개를 만든 후, 바늘에 실을 감아서 화살표 위치에 넣고 1길 긴뜨기를 한다.

❹ 다시 바늘에 실을 2회 감고 화살표 자리에 넣어 2길 긴뜨기를 한다.

 2코 간격 X자 뜨기

39

 바늘에 실을 2회 감아 화살표 자리에 넣고 실을 걸어 뺀다.

❷ 바늘에 실을 걸어 2고리를 뺀다.

❸ 바늘에 실을 감아 2코 건넌 화살표 자리에 넣고 실을 걸어 2고리만 뺀다.

❹ 2고리씩 3회 뺀다.

❺ 사슬 2개를 만들어 화살표 위치에 바늘을 넣고 실을 걸어 1길 긴뜨기를 한다.

❻ ❶~❺까지 반복하면 X자 뜨기 2개가 완성된다.

 거꾸로 Y자 뜨기

40

 기둥 6코

❶ 사슬 6코를 기둥으로 하여 바늘에 실을 걸어 화살표 자리에 넣은 뒤 실을 걸어 뺀 후, 다시 실을 걸어 2고리만 뺀다.

❷ 바늘에 실을 감아 화살표 자리에 넣고 실을 걸어 2고리 뺀다.

❸ 2고리씩 3회 실을 걸어 빼내면 거꾸로 Y자 뜨기가 완성된다.

사슬뜨기로 둥근코 만들기

  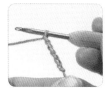  

❶ 그림과 같이 시작코를 만든다.

❷ 바늘에 실을 감아 사슬뜨기를 한다.

❸ ❶~❷를 반복해서 원하는 수만큼 사슬코를 만든다.

❹ 첫번째 코의 사슬 반코에 바늘을 넣는다.

❺ ❹에 실을 걸어 빼낸다.

실로 둥근코 만들기

❶ 왼쪽 집게 손가락에 실을 2번 감는다.

❷ 감은 고리모양 그대로 손가락에서 뺀다.

❸ 둥근 가운데 바늘을 넣어서 실을 걸어 빼낸다.

❹ 한번 더 실을 빼내 코를 죈다.

❺ 처음 만든 것은 1코로 치지 않는다.

짧은뜨기로 원형 모티프 시작하기

❶ 실 끝을 감아 기둥코 1코를 만들고 가운데 구멍에 바늘을 넣어 실을 걸어 낸다.

❷ 바늘에 실을 걸어 2고리를 한 번에 뺀 뒤 짧은뜨기한다.

❸ ❶~❷를 반복하여 필요한 코수만큼 짧은뜨기를 한다.

❹ 원형이 될 수 있도록 실을 잡아당겨 죈다.

❺ 단의 끝을 짧은뜨기의 머리에 넣어 빼뜨기로 뜬 다음 사슬 1코로 기둥을 뜬다.

빼뜨기를 뜨면서 모티프 잇는 방법

❶ 마지막 단이 사슬 5코의 네트뜨기일 경우 중심의 3코째에서 화살표 방향으로 잇는다.

❷ 사슬 3코뜨기 옆의 모티프 고리에 바늘을 넣어서 3번째 코를 빼뜨기로 뜬다.

❸ 나머지 사슬 2코를 뜨고 짧은뜨기를 하여 네트 1개를 만들고 같은 방법으로 잇는다.

❹ 모티프 네트 2개를 이어 놓은 것이다.

짧은뜨기를 뜨면서 모티프 잇는 방법

❶ 사슬을 2코 떠서 옆의 모티프 고리에 바늘을 넣고 실을 걸어서 뺀다.

❷ 한 번 더 실을 걸어서 빼내고 짧은뜨기를 한다.

❸ 옆의 모티프 네트에 짧은뜨기로 이은 후 나머지 사슬 2코를 뜬다.

❹ 짧은뜨기를 하여 네트를 완성한다.

긴뜨기를 뜨면서 모티프 잇는 방법

❶ 바늘을 옆의 모티프에 넣어서 실을 걸어 뺀다.

❷ 1길 긴뜨기의 머리에 바늘을 넣고, 실을 감아 아래 안고리에 넣어 실을 걸어서 뺀다.

❸ 바늘에 실을 걸어서 고리 2개씩 빼내서 1길 긴뜨기를 한다. 2코째도 같은 모양으로 뜬다.

❹ 이을 곳 마지막 1길 긴뜨기도 같은 모양으로 뜨고 다음부터 보통으로 뜬다.

반코 감아서 모티프 잇는 방법

돗바늘로 실을 꿰어 모티프를 서로 붙여 바깥쪽의 반코씩을 꿰맨다.

빼뜨기로 모티프 잇는 방법

❶ 2장을 바깥쪽이 안으로 가도록 겹쳐서 이을 곳의 시작점에 실을 건 후 바깥쪽으로 반코씩 건다.

❷ 실끝은 왼쪽에 두고 실끝 아래부터 뜬다.

❸ 빼뜨기로 이은 모양이다.

짧은뜨기로 모티프 잇는 방법

❶ 2장을 바깥쪽이 안으로 가도록 겹쳐서 이을 곳의 시작점에 실을 건 후 바깥쪽으로 반 코씩 건다.

❷ 바늘을 넣어 실을 걸어 뺀다.

❸ 2고리를 한꺼번에 빼서 짧은뜨기한다.

❹ 짧은뜨기로 이은 모양이다.

1 10코 8단 1무늬

2 10코 4단 1무늬

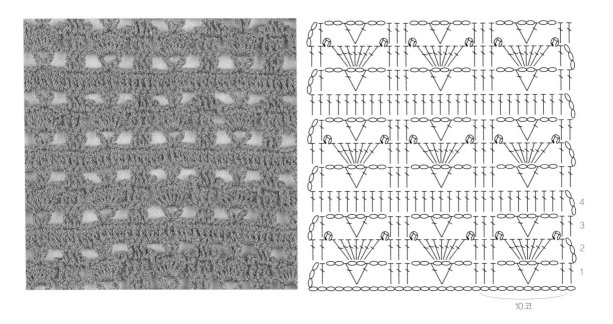

3 7코 8단 1무늬

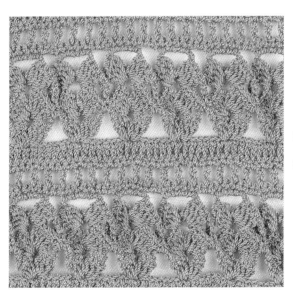

4 15코 6단 1무늬

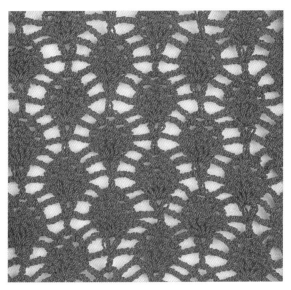

5 21코 14단 1무늬

21코

6 16코 12단 1무늬

16코

7 6코 6단 1무늬

6코

8 16코 8단 1무늬

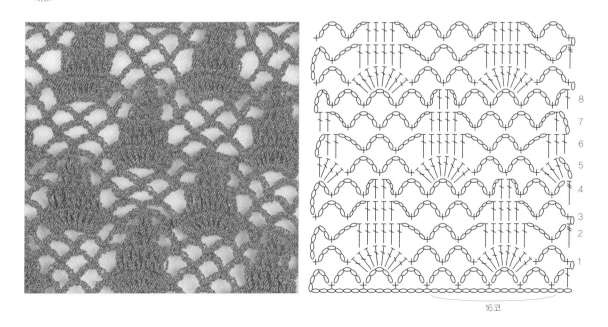

16코

코바늘 무늬뜨기

9 18코 8단 1무늬

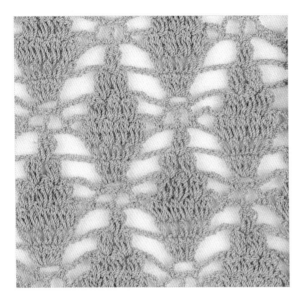

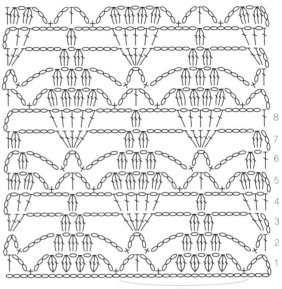

18코

10 20코 2단 1무늬

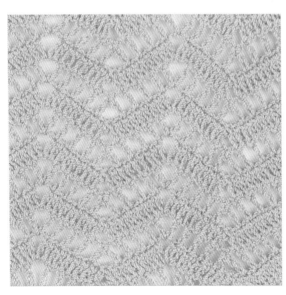

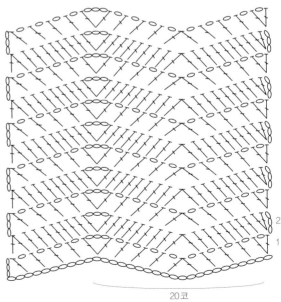

20코

11 20코 4단 1무늬

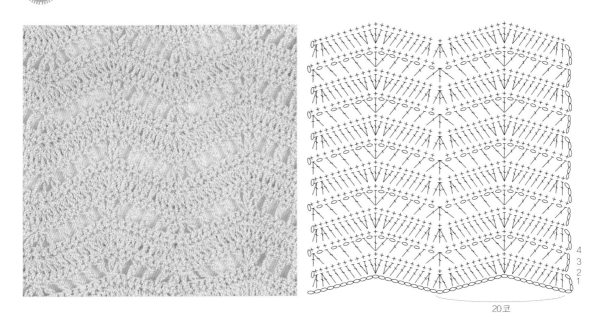

20코

12 12코 4단 1무늬

12코

13 14코 4단 1무늬

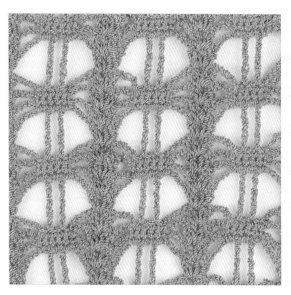

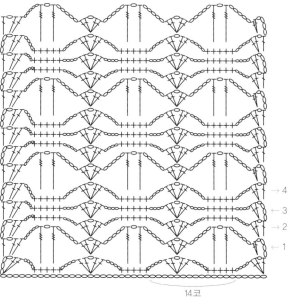

→ 4
→ 3
→ 2
← 1

14코

14 15코 6단 1무늬

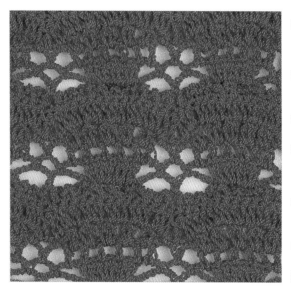

6
5
4
3
2
1

15코

15 7코 2단 1무늬

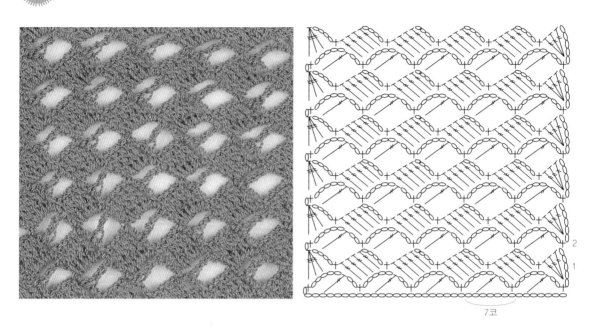

7코

2
1

16 12코 6단 1무늬

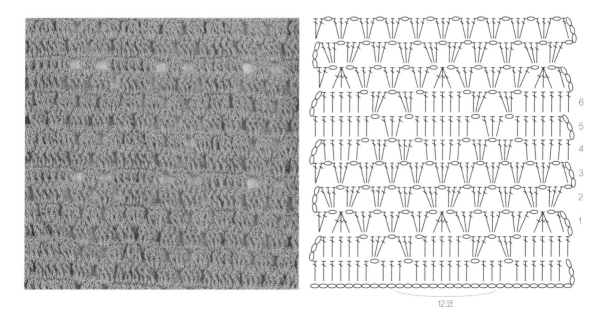

6
5
4
3
2
1

12코

17 24코 12단 1무늬

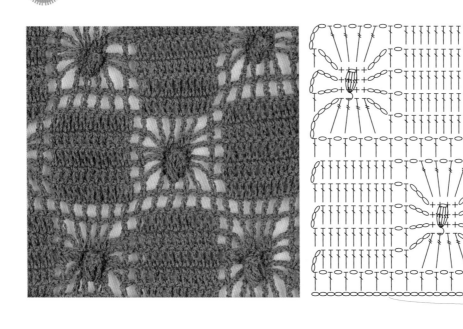

24코

18 10코 6단 1무늬

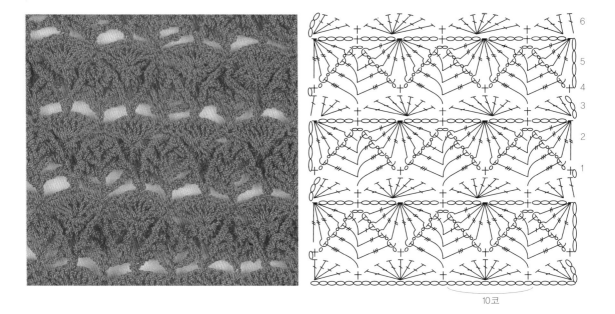

10코

19 4코 2단 1무늬

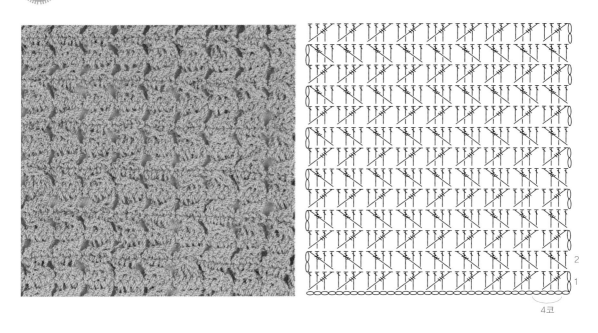

4코

20 6코 4단 1무늬

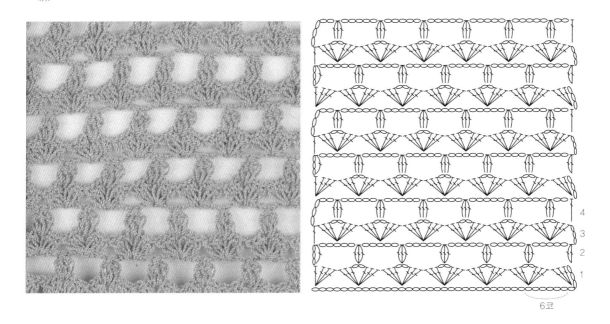

6코

21 28코 6단 1무늬

22 11코 2단 1무늬

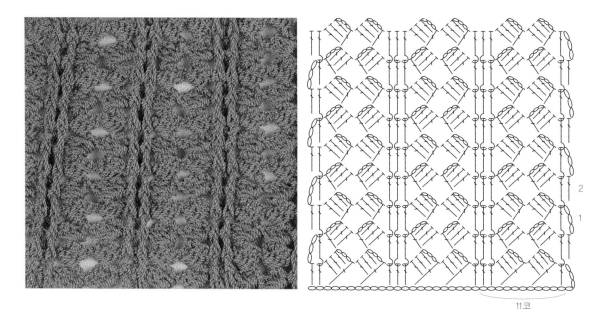

23 9코 2단 1무늬

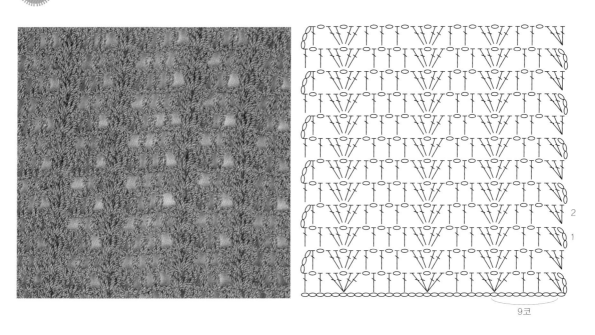

24 18코 5단 1무늬

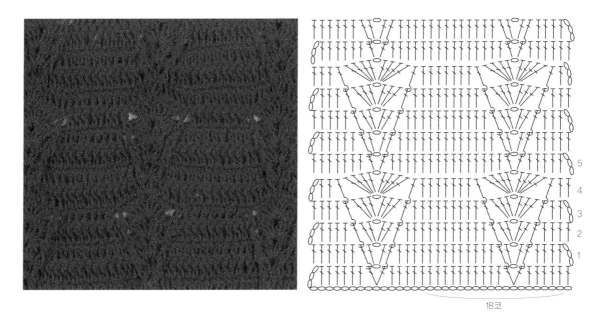

25 18코 8단 1무늬

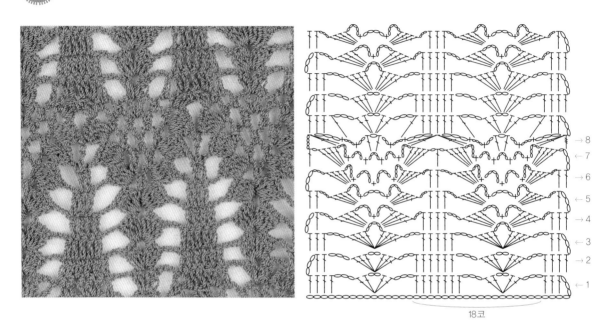

26 8코 4단 1무늬

27 8코 4단 1무늬

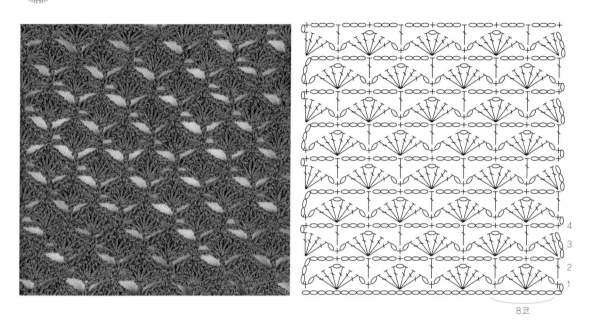

8코

28 10코 4단 1무늬

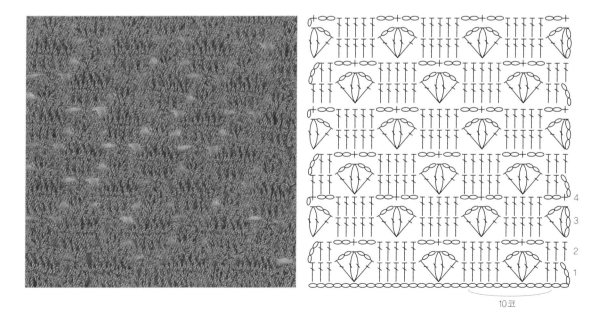

10코

29 12코 4단 1무늬

12코

30 4코 4단 1무늬

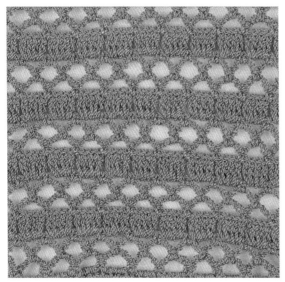

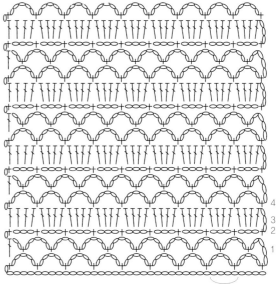

4코

31 6코 6단 1무늬

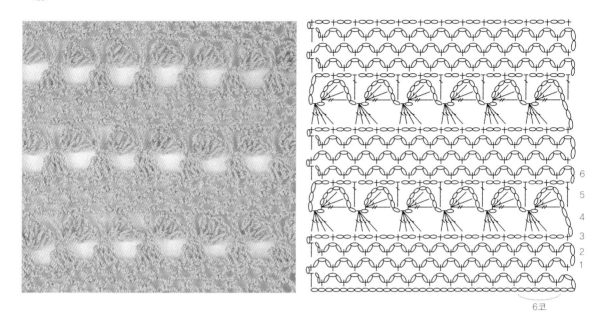

6코

32 10코 4단 1무늬

10코

33 7코 4단 1무늬

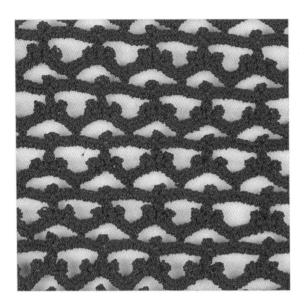

34 23코 10단 1무늬

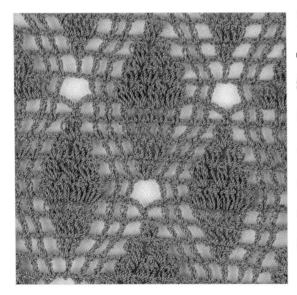

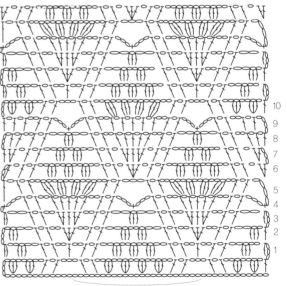

35 8코 2단 1무늬

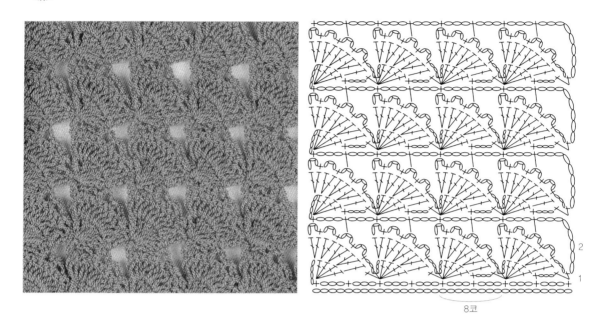

36 9코 4단 1무늬

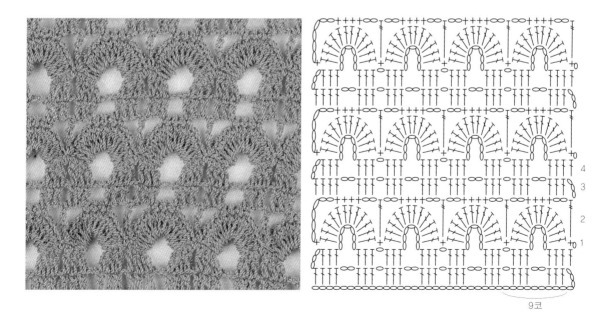

37 8코 6단 1무늬

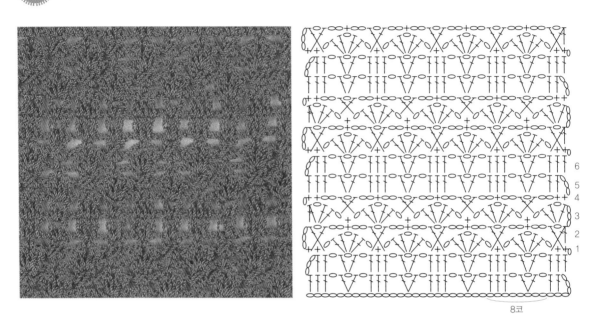

8코

38 8코 4단 1무늬

8코

39　10코 8단 1무늬

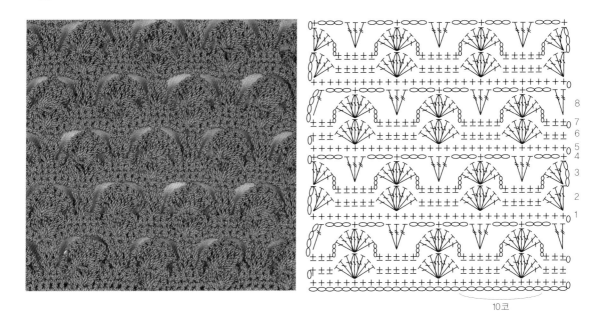

10코

40　7코 2단 1무늬

7코

41 12코 8단 1무늬

12코

42 10코 6단 1무늬

10코

43 10코 6단 1무늬

10코

44 6코 2단 1무늬

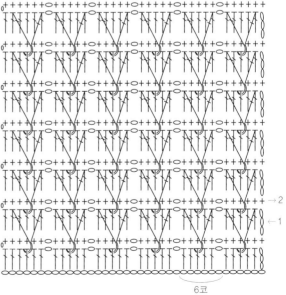

6코

45 10코 6단 1무늬

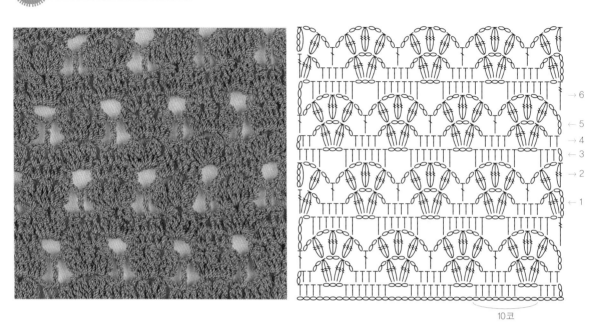

46 42코 10단 1무늬

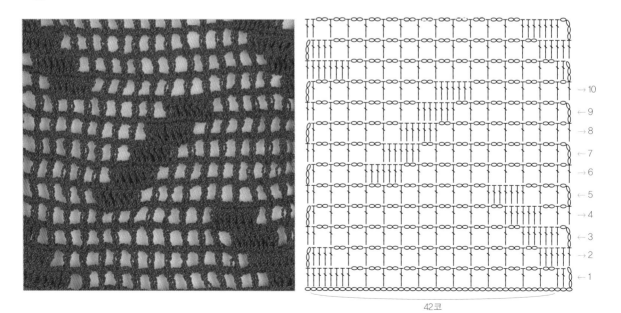

47 5코 4단 1무늬

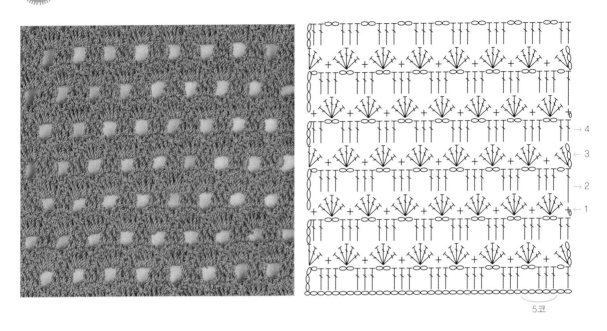

48 20코 12단 1무늬

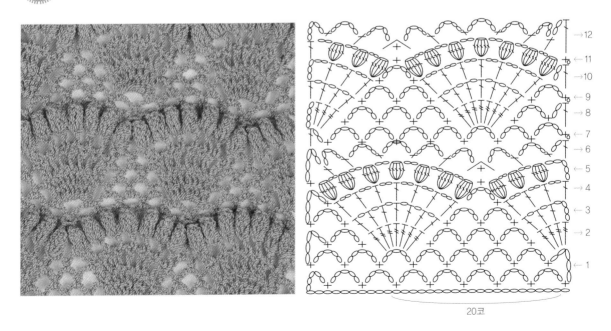

49 5코 2단 1무늬

→ 2

→ 1

5코

50 43코 6단 1무늬

→ 6
→ 5
→ 4
→ 3
→ 2
→ 1

43코

51 38코 16단 1무늬

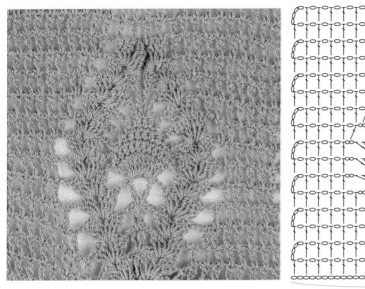

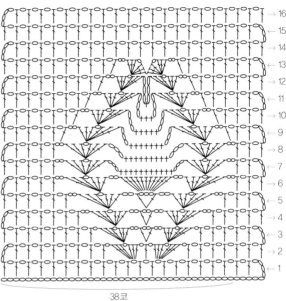

38코

52 36코 16단 1무늬

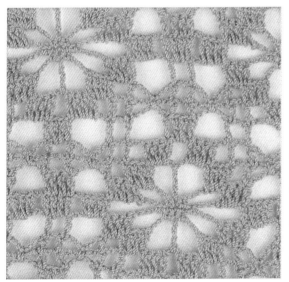

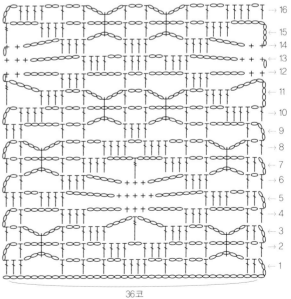

36코

53 25코 12단 1무늬

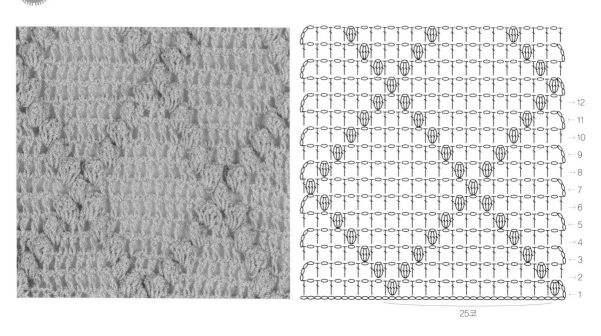

25코

54 24코 16단 1무늬

24코

55 24코 14단 1무늬

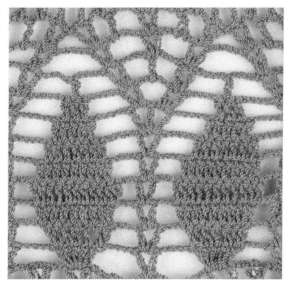

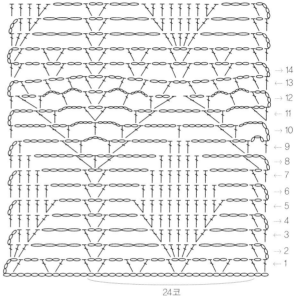

56 24코 8단 1무늬

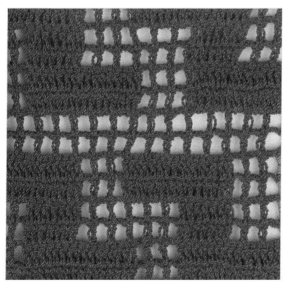

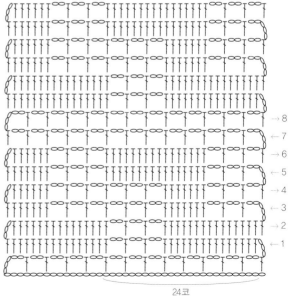

57 14코 2단 1무늬

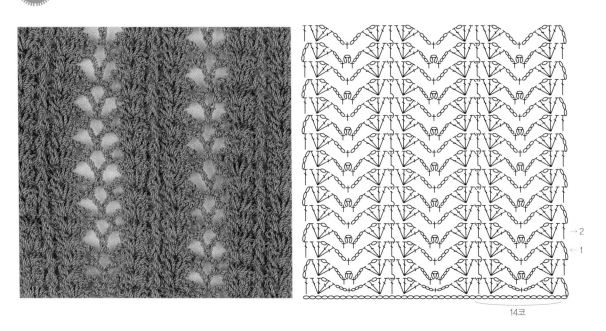

58 16코 8단 1무늬

59 14코 12단 1무늬

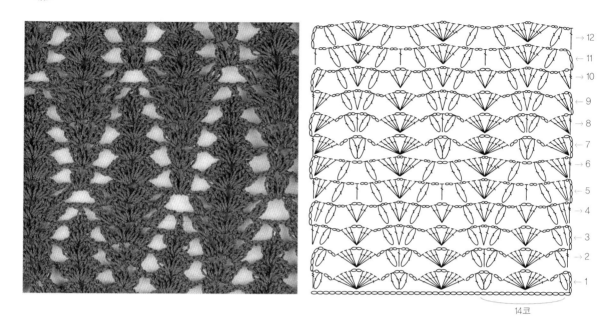

14코

60 14코 4단 1무늬

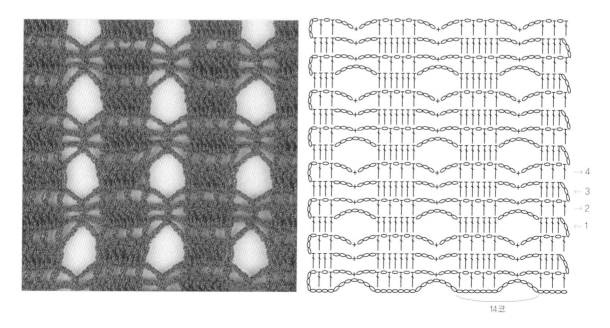

14코

61 14코 2단 1무늬

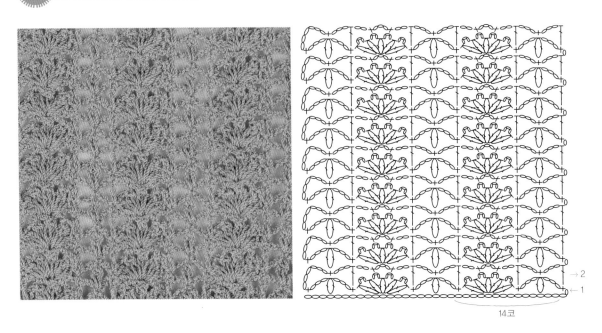

62 14코 2단 1무늬

63 12코 12단 1무늬

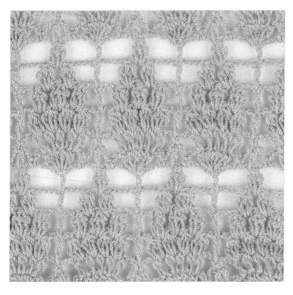

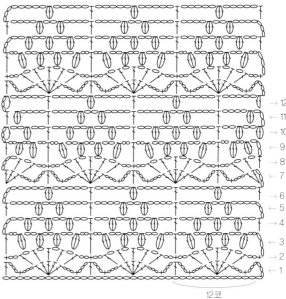

→ 12
← 11
← 10
← 9
← 8
← 7
→ 6
← 5
→ 4
← 3
← 2
← 1

12코

64 12코 4단 1무늬

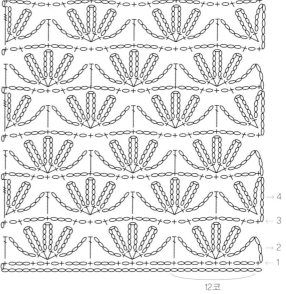

→ 4
← 3
→ 2
← 1

12코

65 12코 2단 1무늬

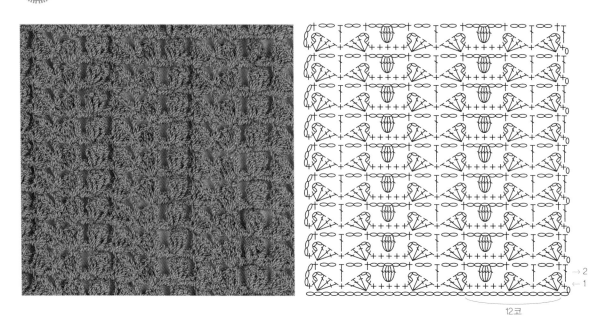

66 10코 4단 1무늬

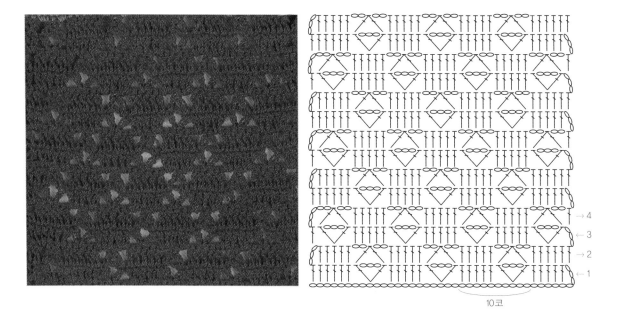

67 10코 4단 1무늬

10코

68 8코 10단 1무늬

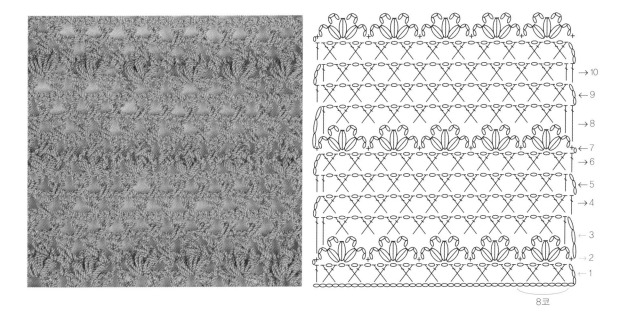

→ 10
← 9
→ 8
← 7
→ 6
← 5
→ 4
→ 3
→ 2
← 1

8코

69 8코 10단 1무늬

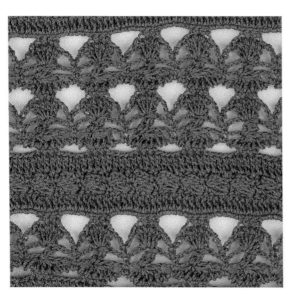

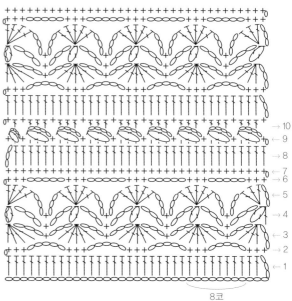

70 8코 8단 1무늬

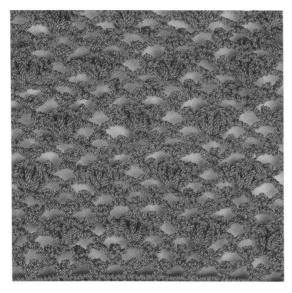

71 6코 10단 1무늬

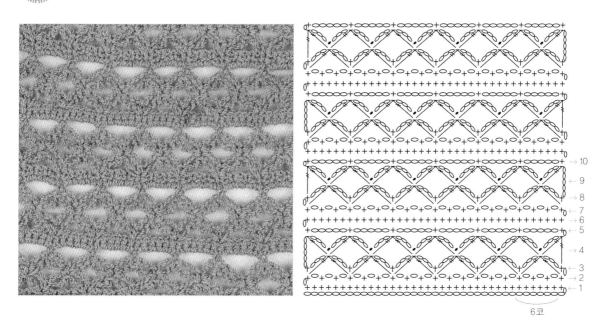

→ 10
← 9
→ 8
← 7
→ 6
← 5
→ 4
→ 3
→ 2
→ 1

6코

72 6코 4단 1무늬

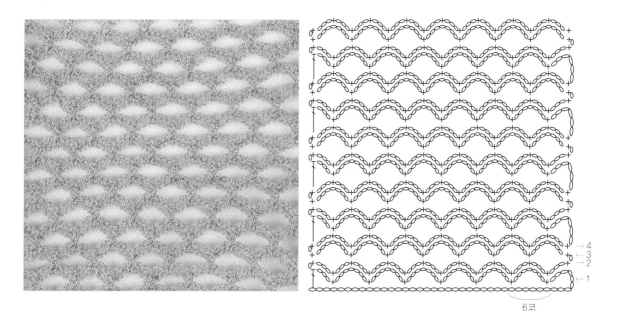

← 4
← 3
← 2
← 1

6코

73 5코 12단 1무늬

74 4코 15단 1무늬

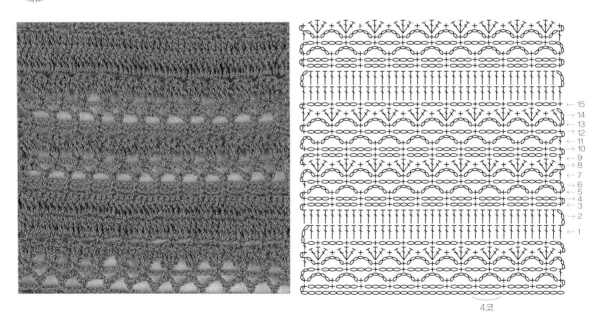

75 4코 6단 1무늬

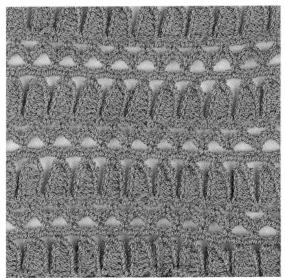

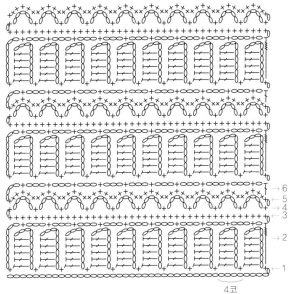

76 4코 2단 1무늬

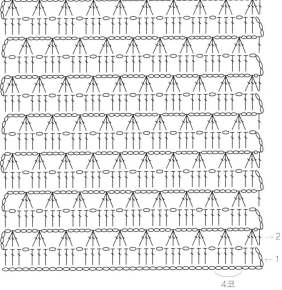

77 4코 2단 1무늬

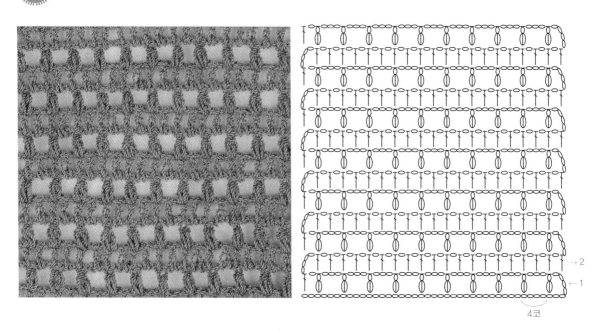

→ 2
← 1

4코

78 3코 4단 1무늬

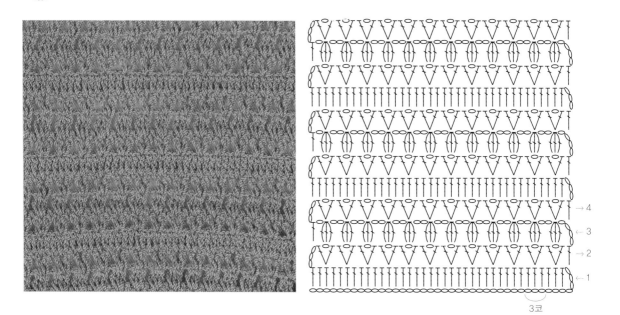

→ 4
← 3
→ 2
← 1

3코

79 28코 4단 1무늬

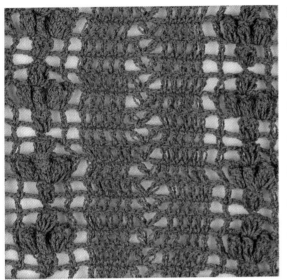

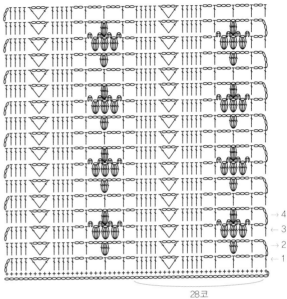

→ 4
← 3
→ 2
← 1

28코

80 22코 12단 1무늬

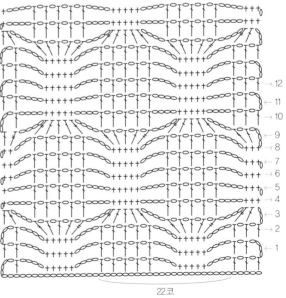

→ 12
← 11
→ 10
← 9
→ 8
← 7
→ 6
← 5
→ 4
← 3
→ 2
← 1

22코

81 22코 8단 1무늬

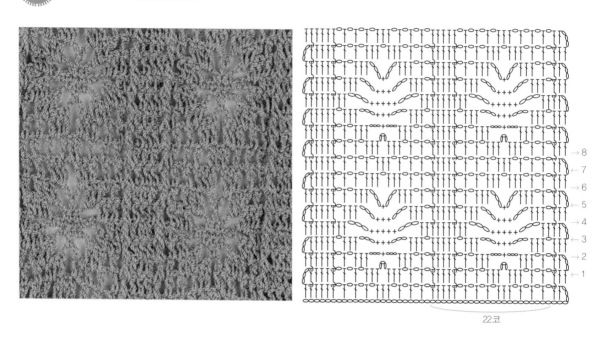

22코

82 16코 10단 1무늬

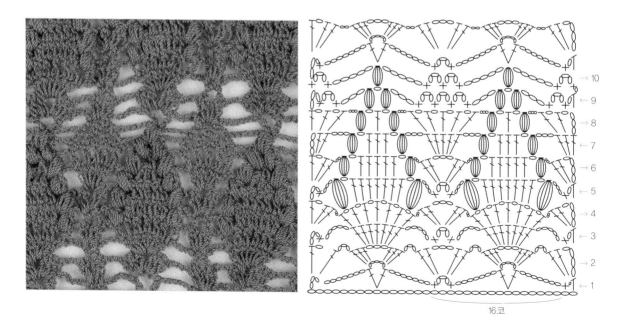

16코

83 20코 4단 1무늬

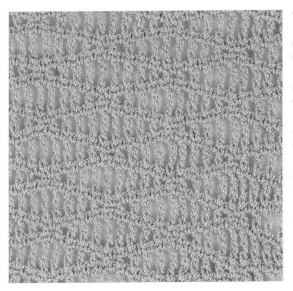

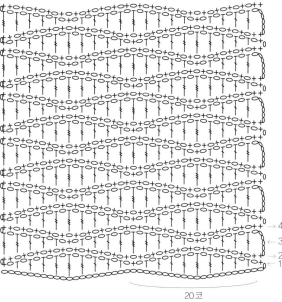

→ 4
← 3
→ 2
→ 1

20코

84 16코 10단 1무늬

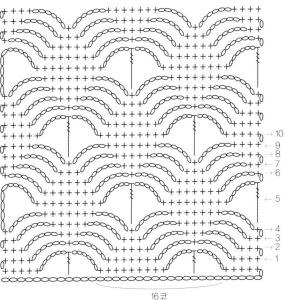

→ 10
→ 9
→ 8
→ 7
→ 6
→ 5
→ 4
→ 3
→ 2
← 1

16코

85 16코 8단 1무늬

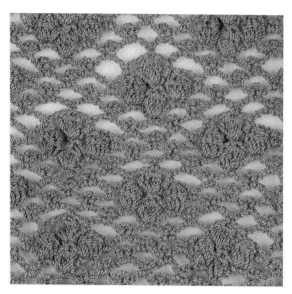

16코

86 13코 4단 1무늬

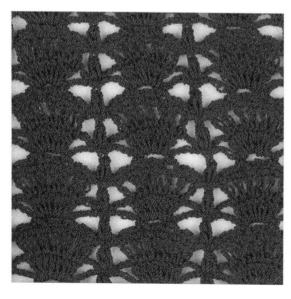

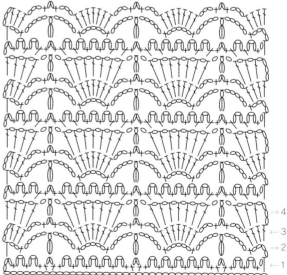

13코

87 12코 10단 1무늬

88 12코 2단 1무늬

89 10코 2단 1무늬

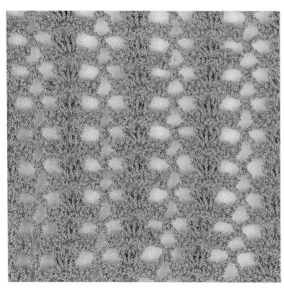

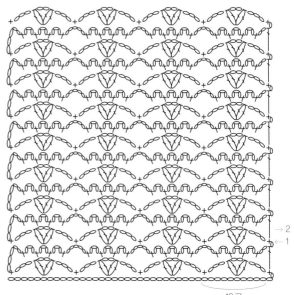

10코

90 6코 4단 1무늬

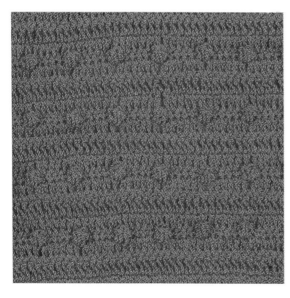

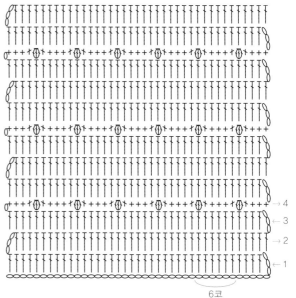

6코

91 3코 7단 1무늬

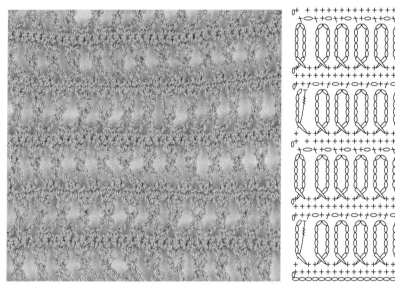

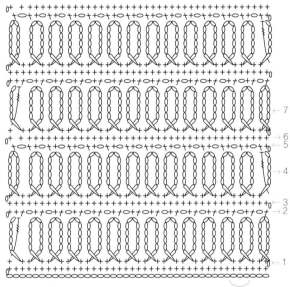

3코

92 8코 8단 1무늬

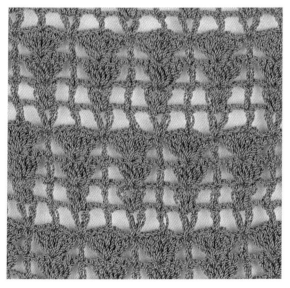

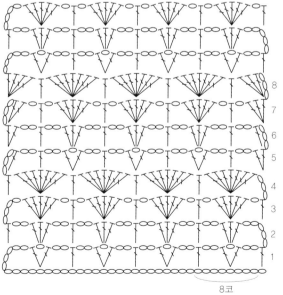

8코

93 24코 8단 1무늬

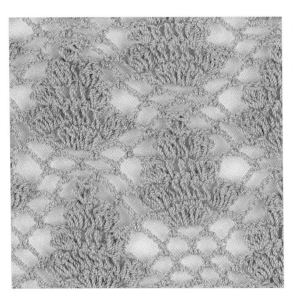

24코

94 12코 6단 1무늬

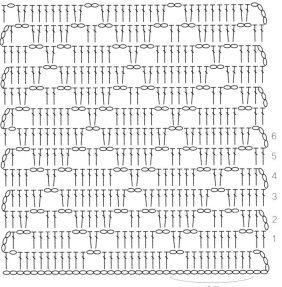

12코

95 10코 4단 1무늬

10코

96 26코 6단 1무늬

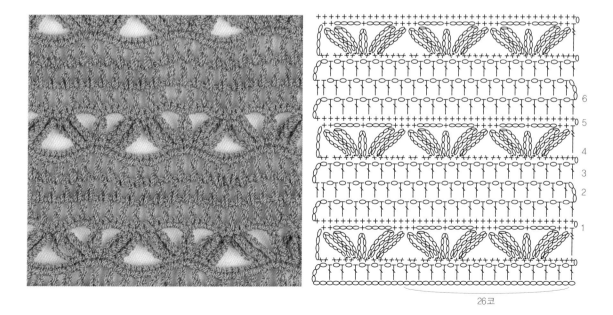

26코

97 30코 10단 1무늬

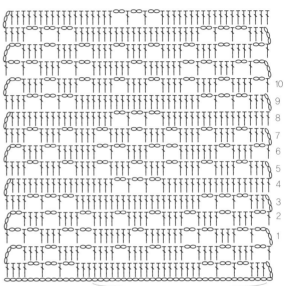

30코

98 6코 4단 1무늬

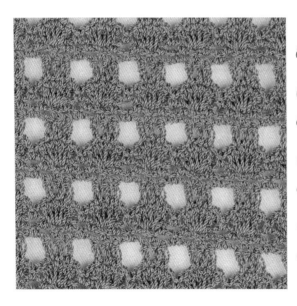

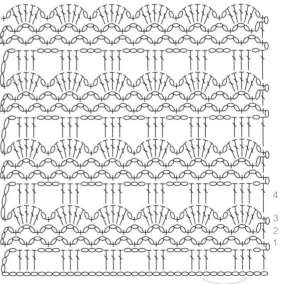

6코

99 10코 4단 1무늬

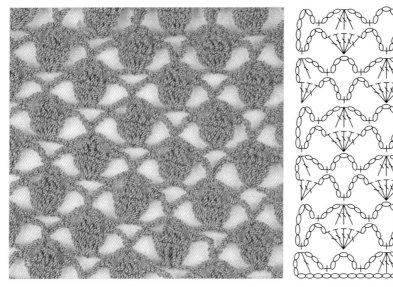

10코

100 12코 6단 1무늬

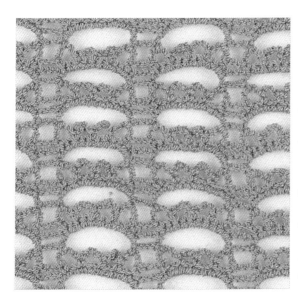

12코

101 6코 18단 1무늬

6코

102 6코 6단 1무늬

6코

103 10코 2단 1무늬

10코

104 6코 4단 1무늬

6코

105 8코 6단 1무늬

8코

106 8코 4단 1무늬

8코

107 12코 2단 1무늬

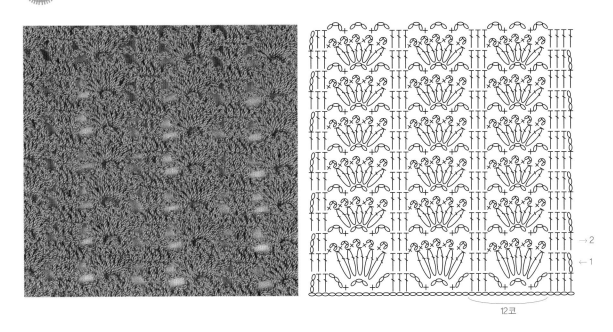

→ 2
← 1

12코

108 11코 4단 1무늬

→ 4
← 3
→ 2
← 1

11코

109 10코 6단 1무늬

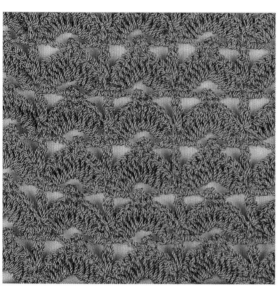

→ 6
← 5
← 4
← 3
→ 2
← 1

10코

110 10코 6단 1무늬

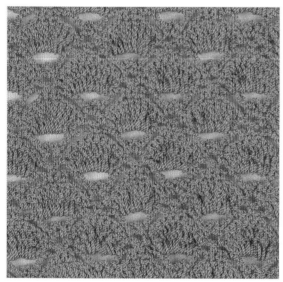

→ 6
← 5
← 4
← 3
→ 2
← 1

10코

111 10코 4단 1무늬

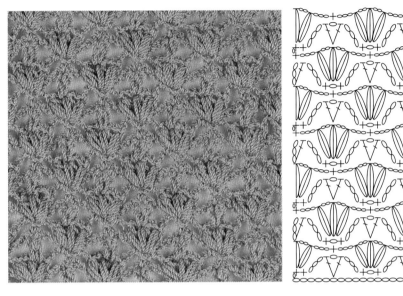

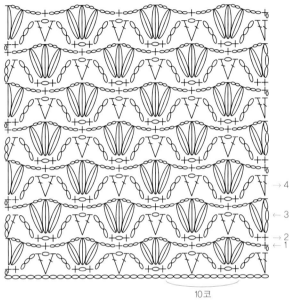

→ 4
← 3
→ 2
← 1

10코

112 10코 4단 1무늬

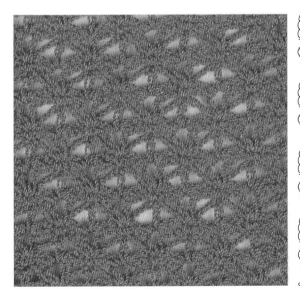

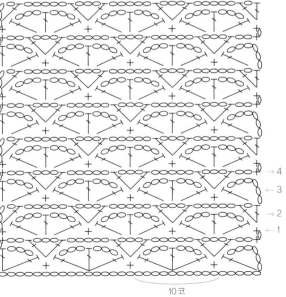

→ 4
← 3
→ 2
← 1

10코

113 4코 4단 1무늬

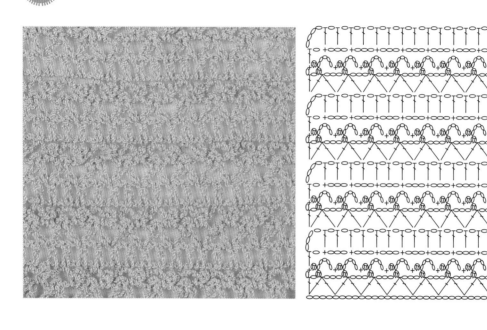

→ 4
← 3
→ 2
← 1

4코

114 4코 6단 1무늬

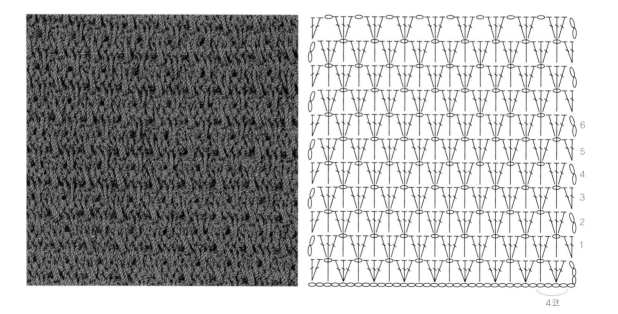

6
5
4
3
2
1

4코

115 4코 6단 1무늬

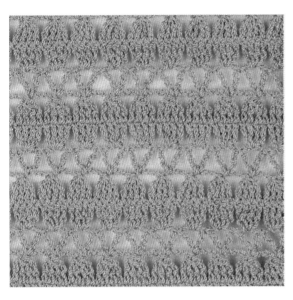

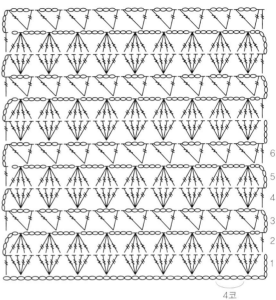

4코

116 5코 8단 1무늬

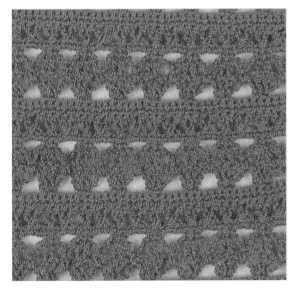

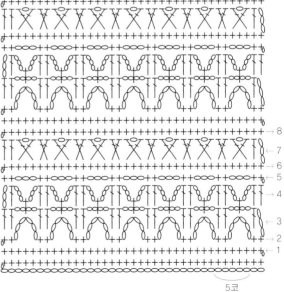

5코

117 6코 2단 1무늬

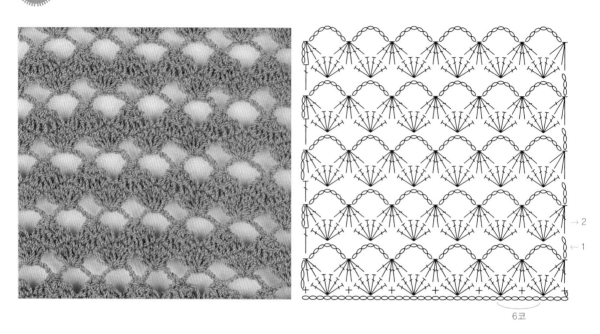

118 6코 4단 1무늬

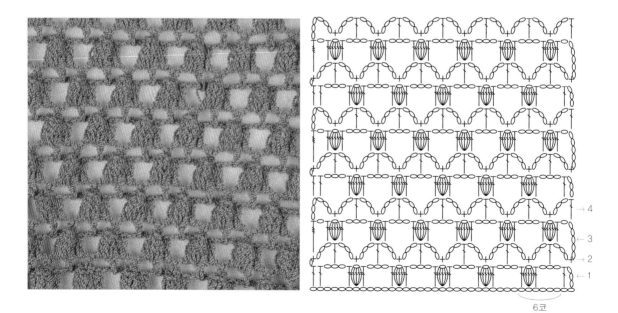

119 8코 2단 1무늬

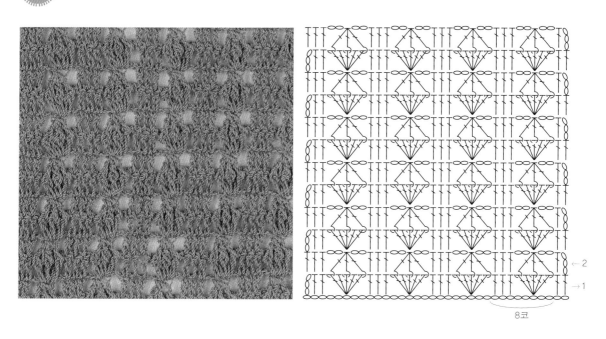

→ 2
← 1

8코

120 8코 2단 1무늬

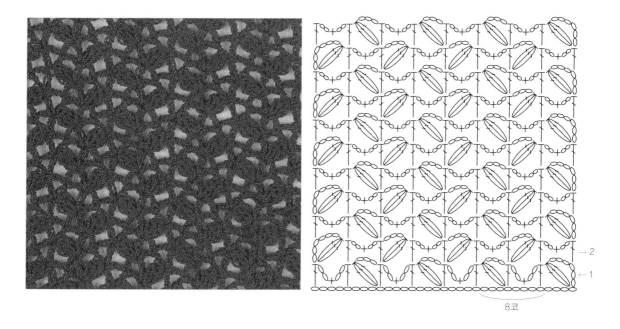

→ 2
← 1

8코

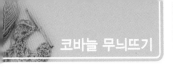

121 8코 2단 1무늬

8코

122 8코 4단 1무늬

8코

123 8코 4단 1무늬

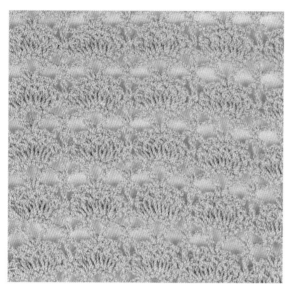

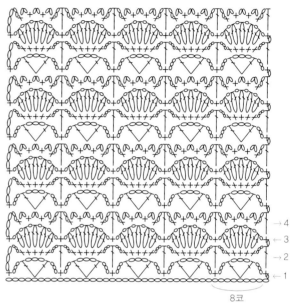

→ 4
← 3
→ 2
← 1

8코

124 8코 8단 1무늬

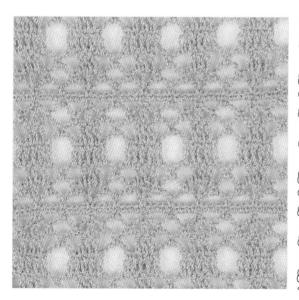

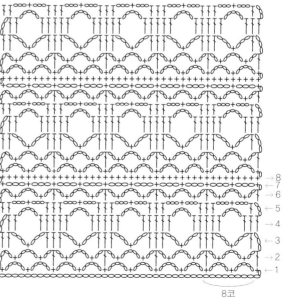

→ 8
← 7
→ 6
← 5
→ 4
← 3
→ 2
← 1

8코

125 8코 10단 1무늬

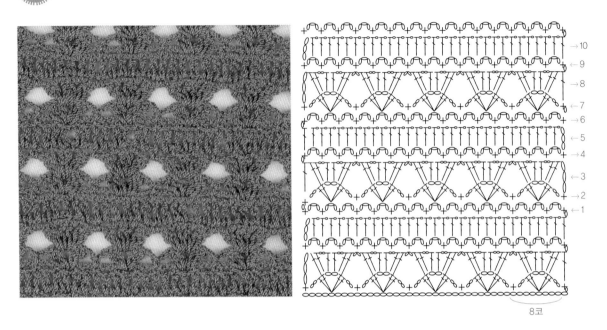

8코

126 8코 12단 1무늬

8코

127 9코 2단 1무늬

9코

128 14코 4단 1무늬

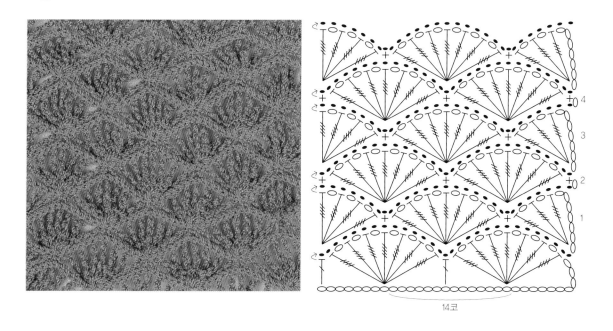

14코

129　7코 2단 1무늬

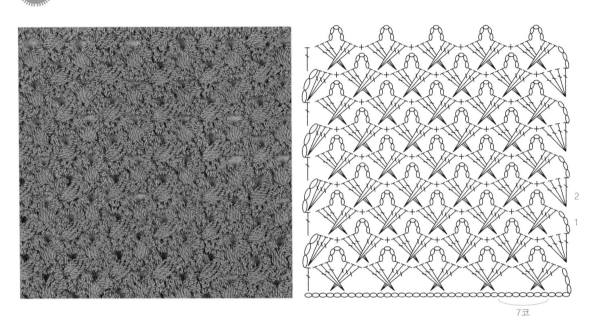

7코

130　8코 2단 1무늬

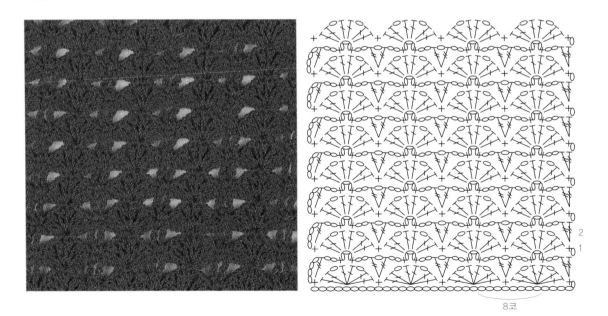

8코

131 11코 2단 1무늬

132 12코 2단 1무늬

133 10코 2단 1무늬

134 12코 6단 1무늬

135 9코 8단 1무늬

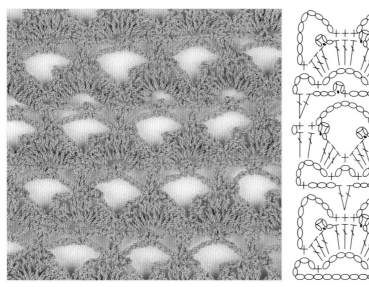

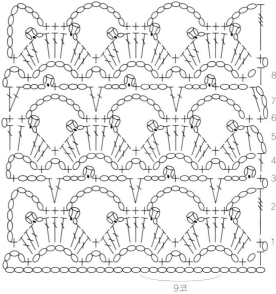

9코

136 8코 8단 1무늬

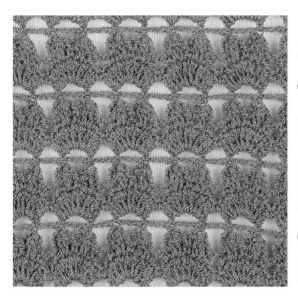

8코

137 10코 6단 1무늬

10코

138 12코 6단 1무늬

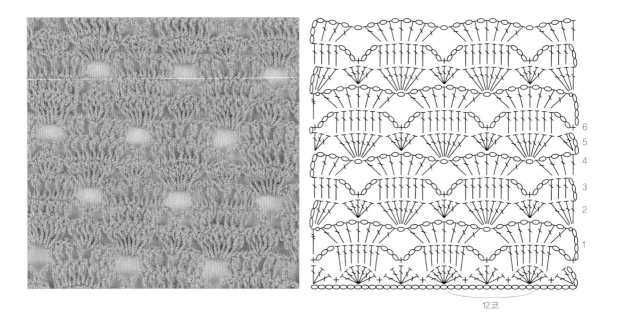

12코

139 10코 6단 1무늬

140 6단 1무늬

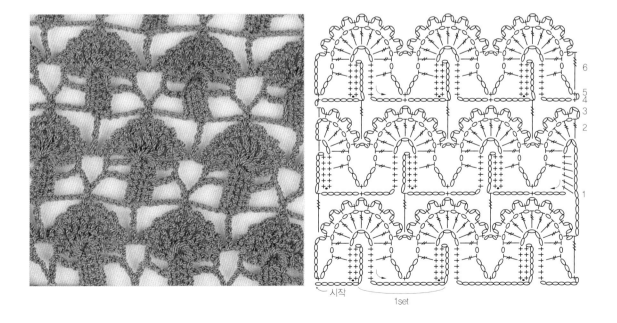

141 12코 4단 1무늬

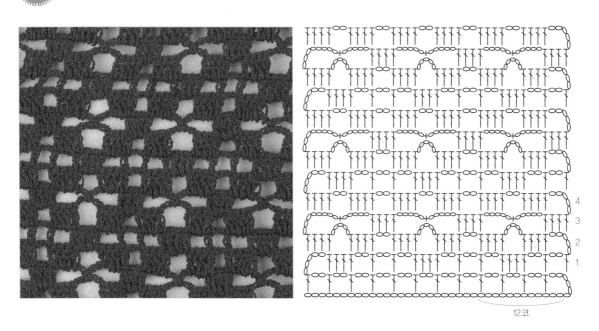

12코

142 14코 8단 1무늬

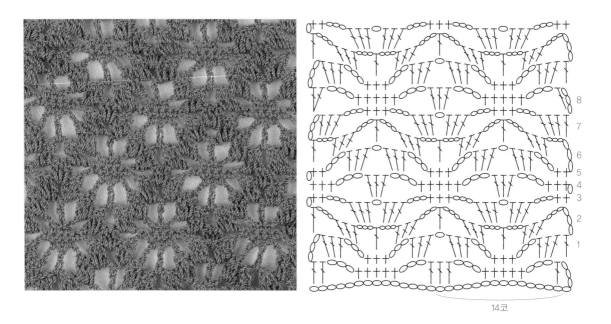

14코

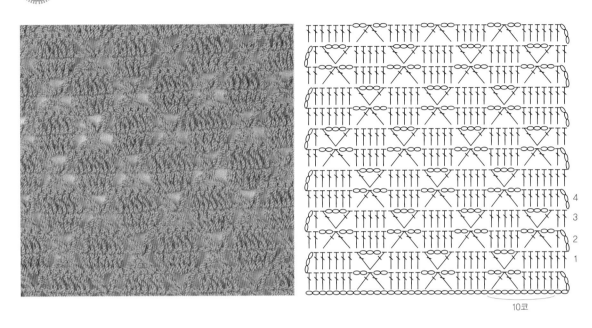

143 10코 4단 1무늬

144 12코 3단 1무늬

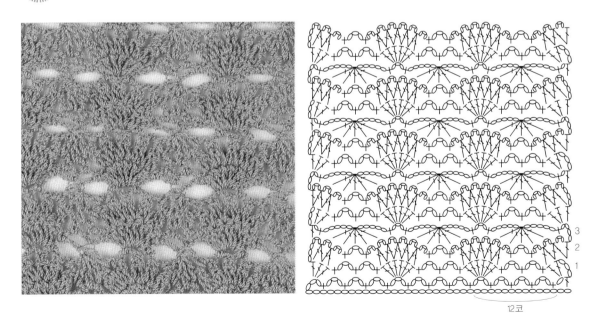

145 9코 8단 1무늬

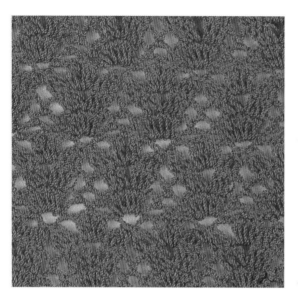

9코

146 18코 12단 1무늬

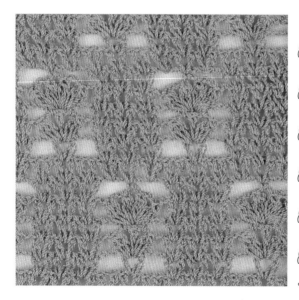

18코

147 9코 6단 1무늬

9코

148 12코 8단 1무늬

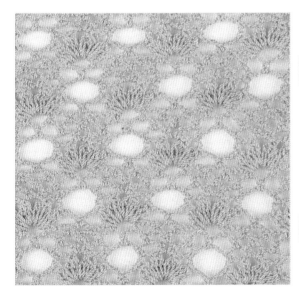

12코

149 14코 6단 1무늬

14코

150 8코 6단 1무늬

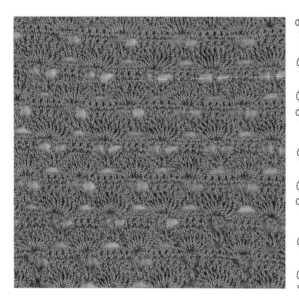

8코

151 6코 2단 1무늬

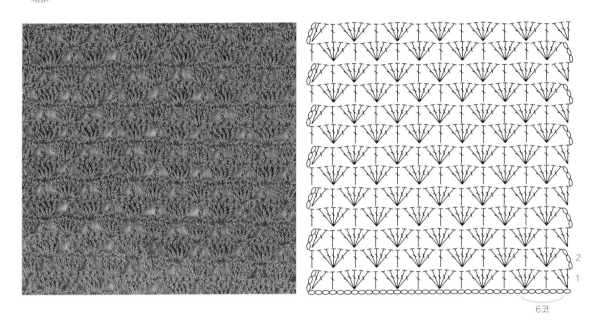

152 16코 12단 1무늬

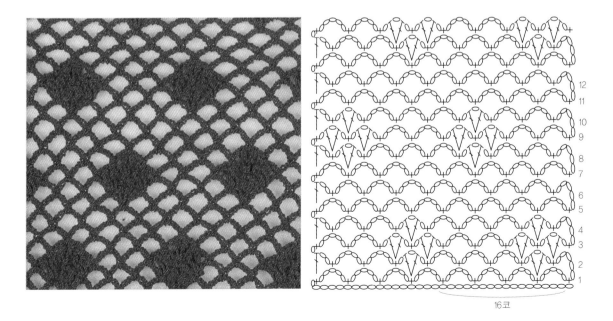

153 12코 2단 1무늬

12코

2
1

154 10코 2단 1무늬

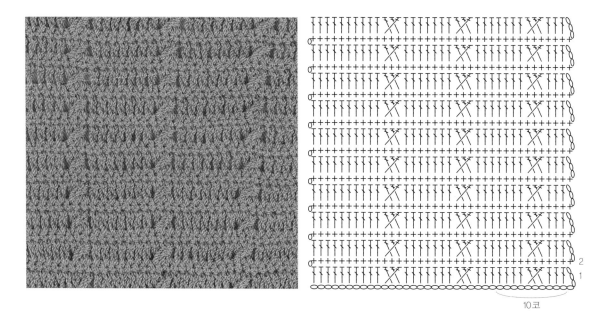

10코

2
1

155 12코 2단 1무늬

12코

156 10코 8단 1무늬

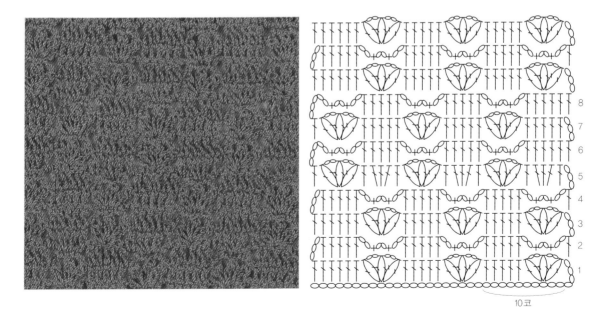

10코

157 6코 4단 1무늬

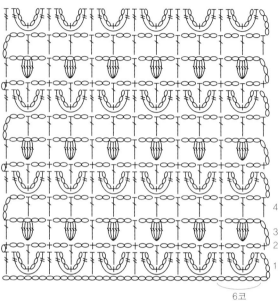

6코

158 16코 4단 1무늬

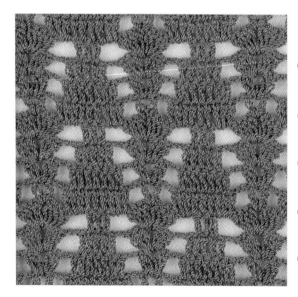

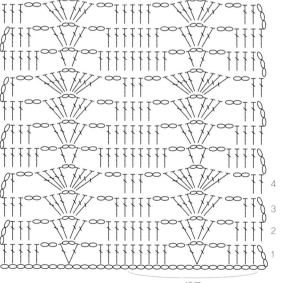

16코

159   11코 4단 1무늬

11코

160   12코 2단 1무늬

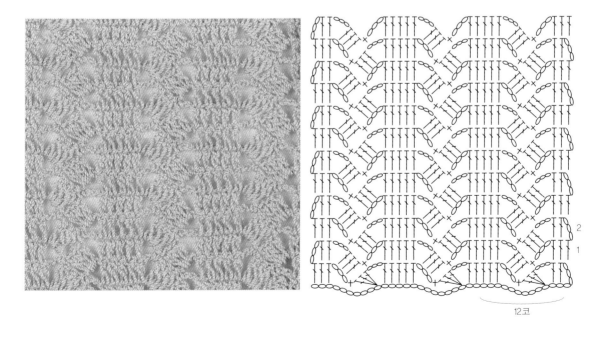

12코

161 · 16코 6단 1무늬

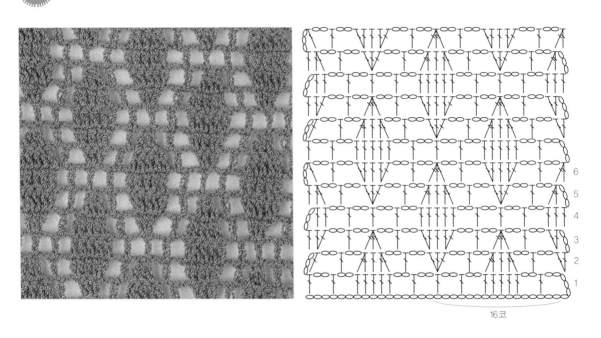

16코

162 · 12코 2단 1무늬

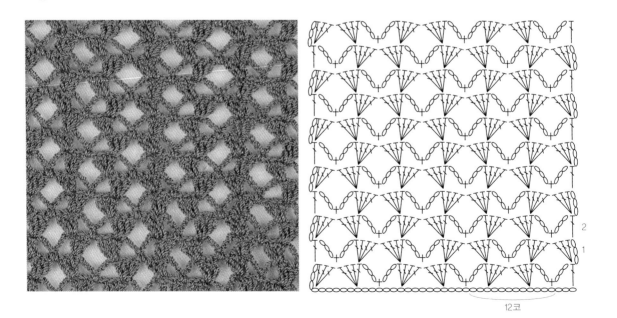

12코

163 8코 2단 1무늬

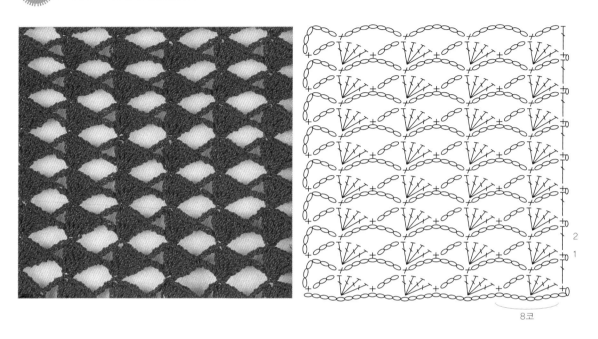

164 8코 3단 1무늬

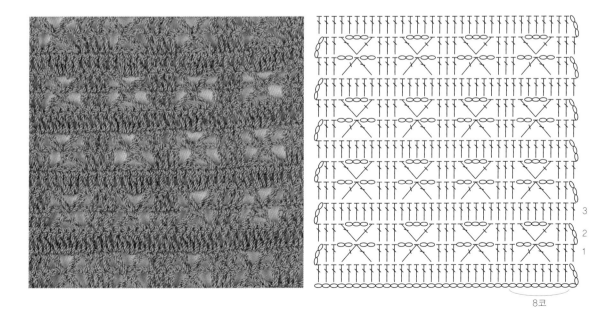

165 10코 2단 1무늬

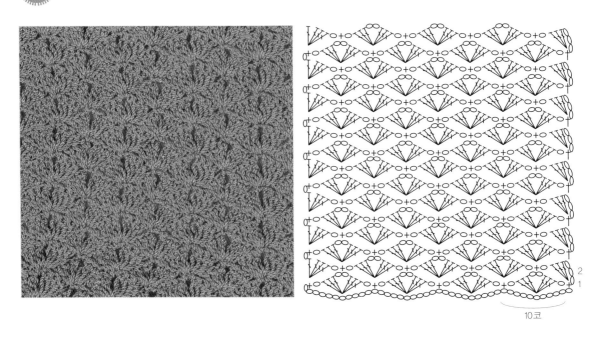

10코

166 14코 8단 1무늬

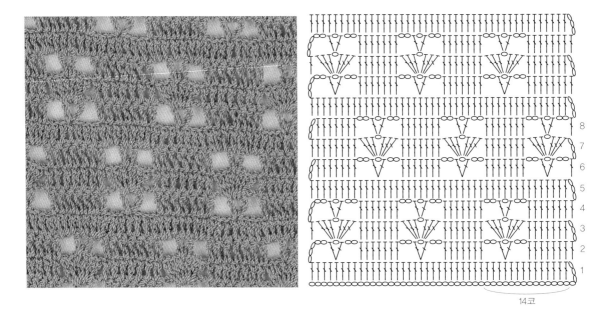

14코

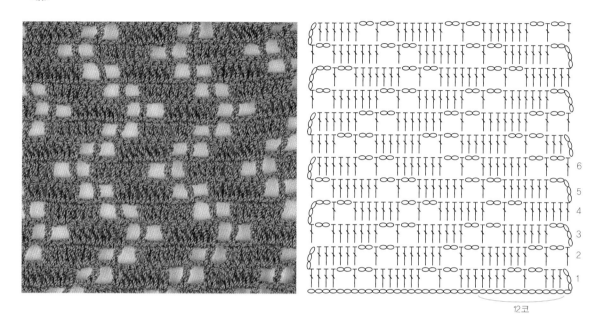

167　12코 6단 1무늬

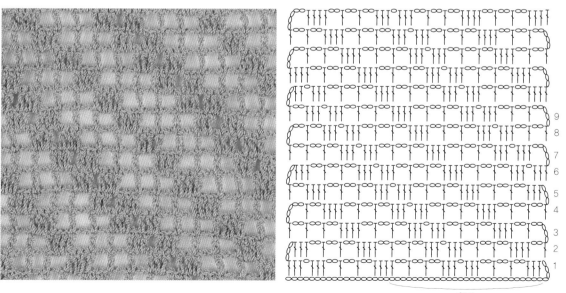

168　27코 9단 1무늬

169 12코 6단 1무늬

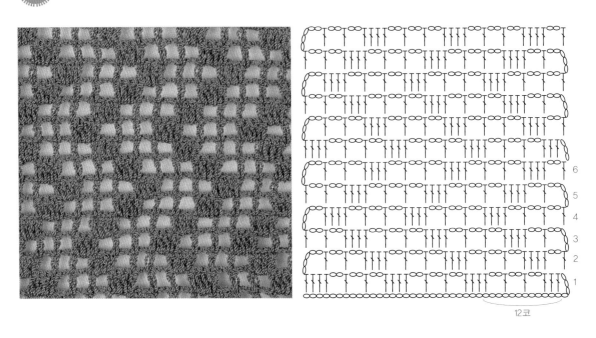

170 12코 6단 1무늬

171 18코 12단 1무늬

172 18코 2단 1무늬

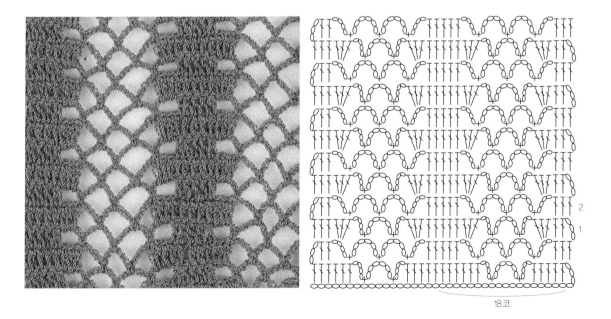

173 24코 12단 1무늬

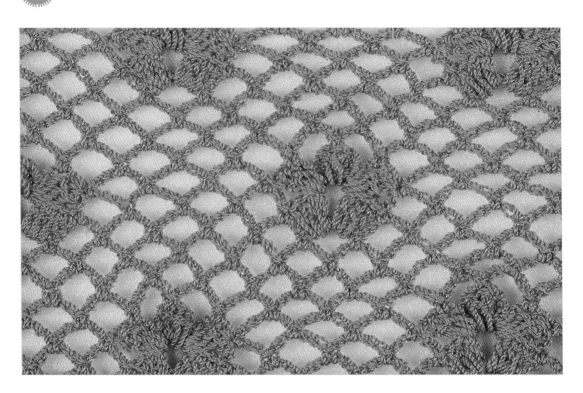

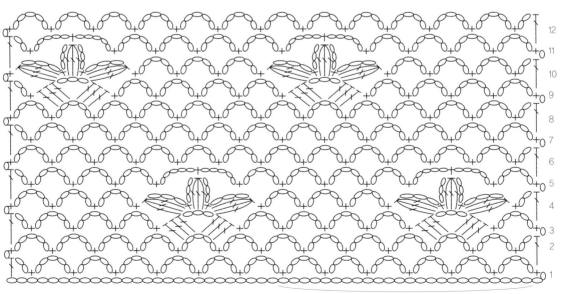

24코

174 20코 6단 1무늬

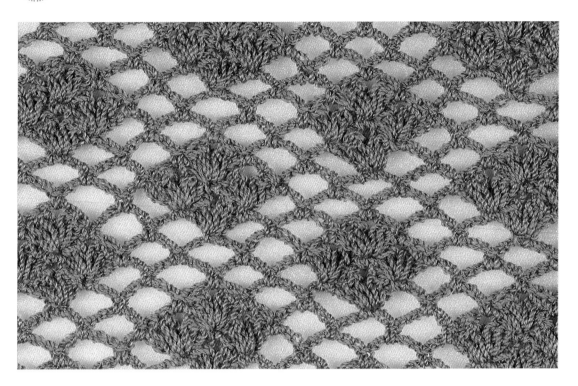

20코

175 14코 1단 1무늬

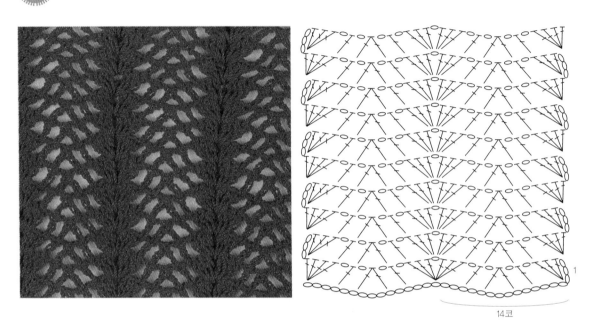

14코

176 12코 8단 1무늬

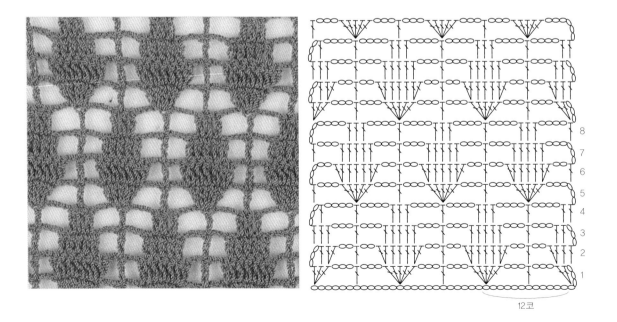

12코

177 7코 4단 1무늬

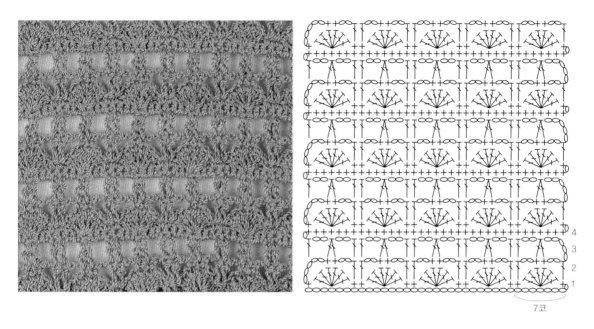

7코

178 8코 8단 1무늬

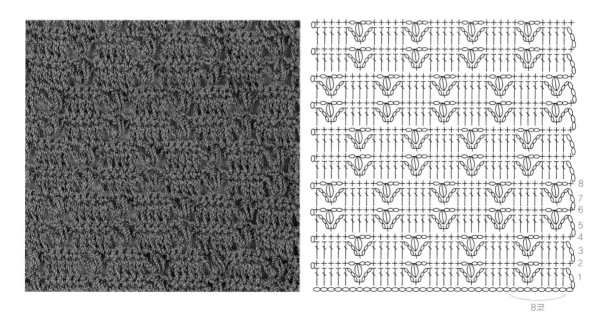

8코

179 8코 2단 1무늬

8코

180 20코 2단 1무늬

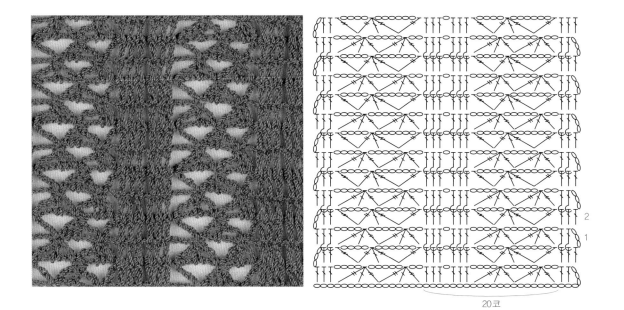

20코

181 5코 2단 1무늬

182 16코 4단 1무늬

183 6코 4단 1무늬

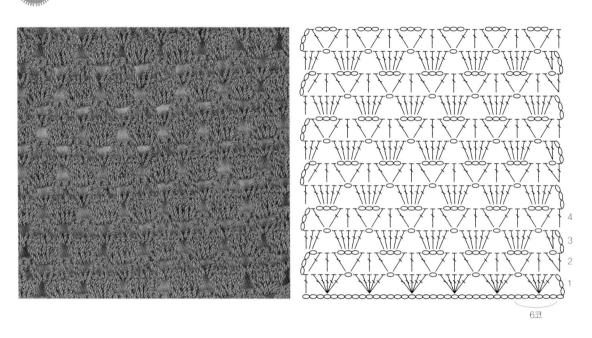

6코

184 10코 4단 1무늬

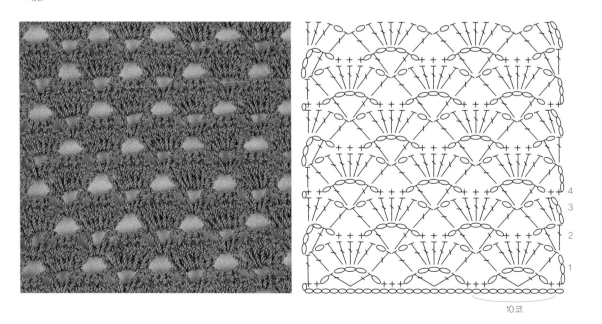

10코

185 6코 2단 1무늬

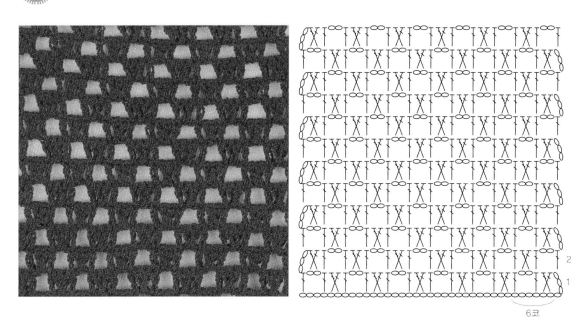

6코

186 9코 8단 1무늬

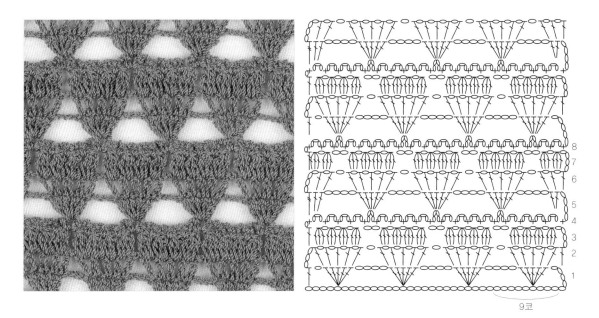

9코

187 10코 4단 1무늬

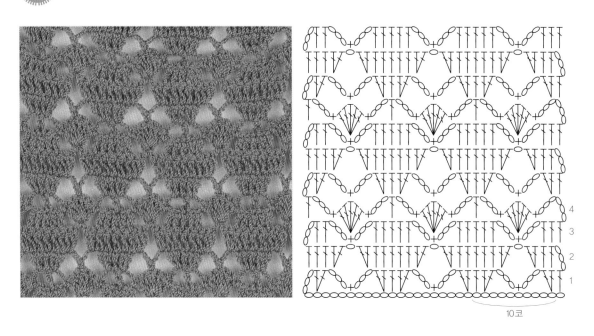

188 10코 6단 1무늬

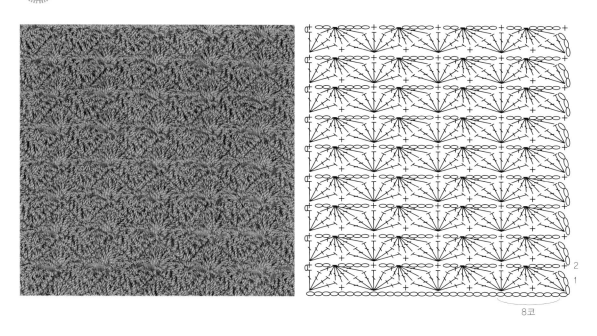

189 8코 2단 1무늬

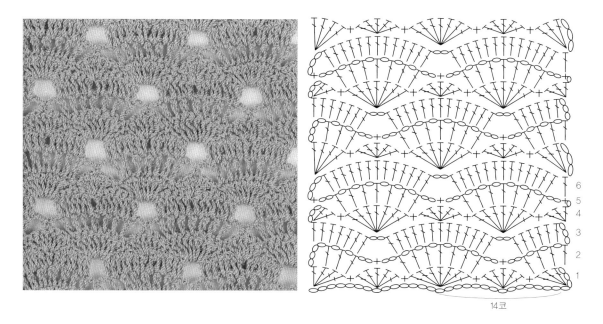

190 14코 6단 1무늬

191 12코 4단 1무늬

192 8코 4단 1무늬

193 10코 4단 1무늬

10코

194 14코 10단 1무늬

14코

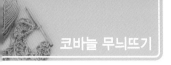

195 8코 8단 1무늬

8코

196 11코 2단 1무늬

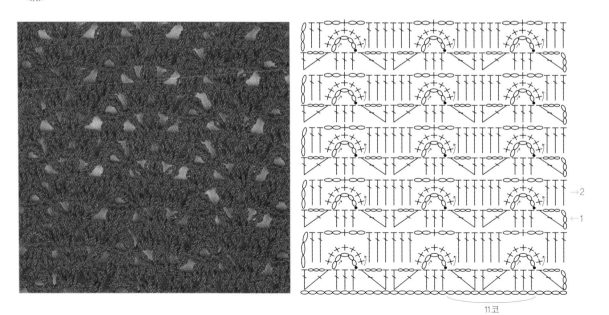

11코

197 8코 4단 1무늬

8코

198 8코 8단 1무늬

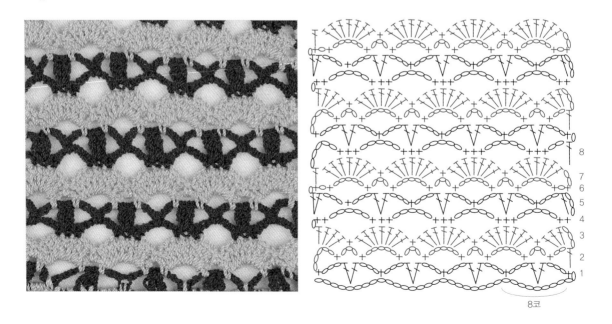

8코

199 6코 8단 1무늬

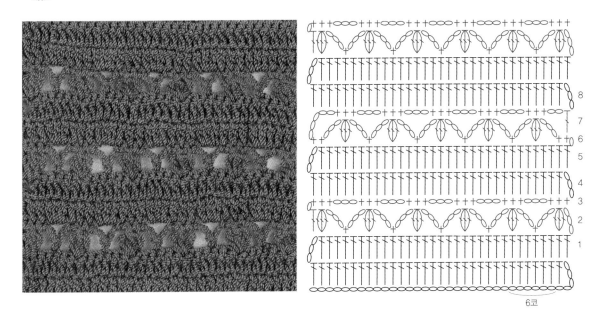

6코

200 8코 4단 1무늬

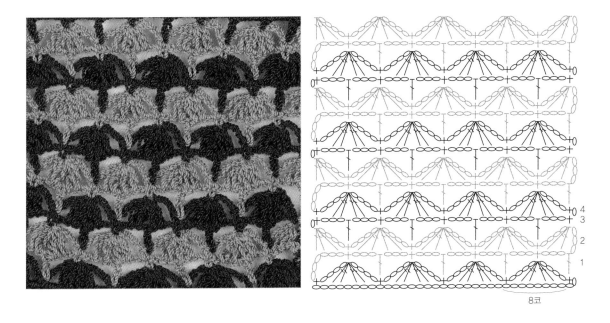

8코

201 5코 6단 1무늬

202 20코 8단 1무늬

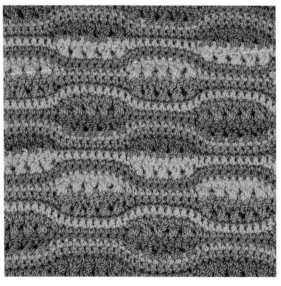

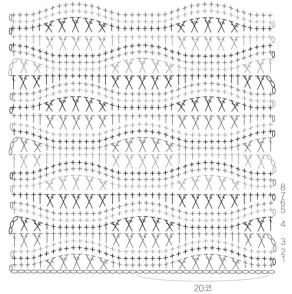

203 6코 8단 1무늬

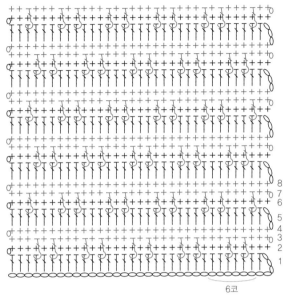

6코

204 8코 4단 1무늬

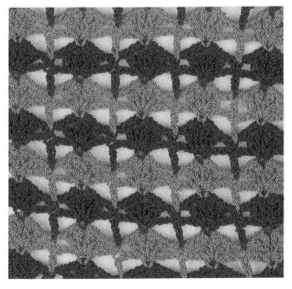

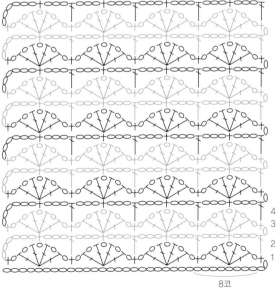

8코

205 5코 6단 1무늬

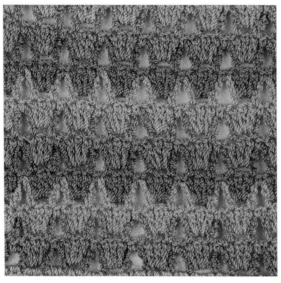

206 12코 16단 1무늬

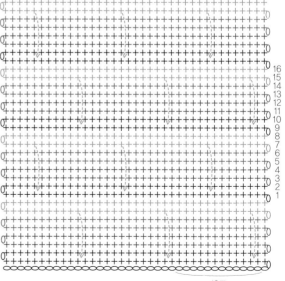

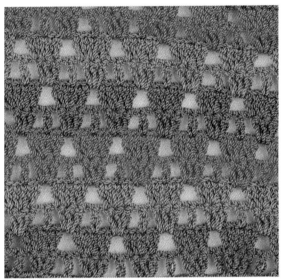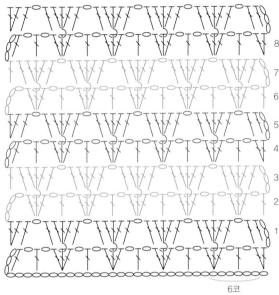

207 6코 8단 1무늬

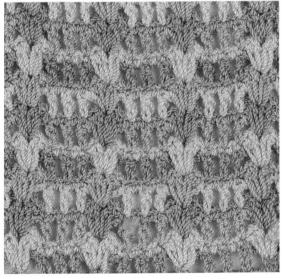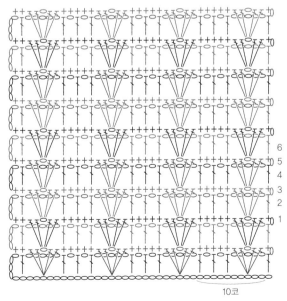

208 10코 6단 1무늬

209 6코 4단 1무늬

210 6코 8단 1무늬

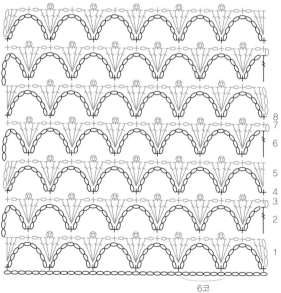

211 6코 24단 1무늬

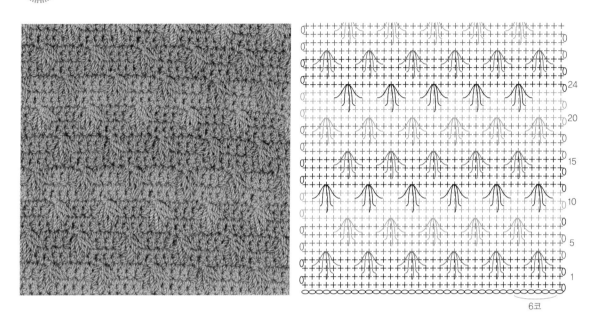

6코

212 8코 4단 1무늬

8코

213　8코 8단 1무늬

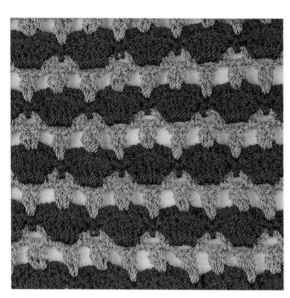

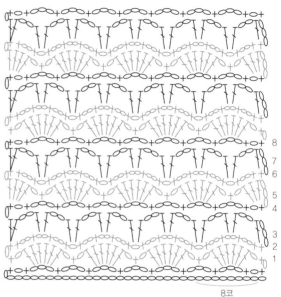

8코

214　10코 8단 1무늬

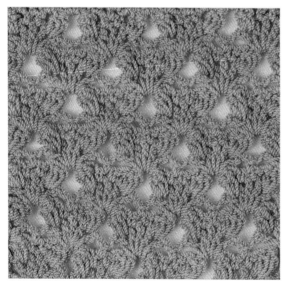

10코

215 4단 모티브

216 4단 모티브

217 4단 모티브

218 4단 모티브

219 4단 모티브

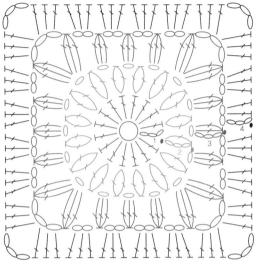

220 4단 모티브

221 5단 모티브

222 5단 모티브

223 5단 모티브

224 5단 모티브

225 5단 모티브

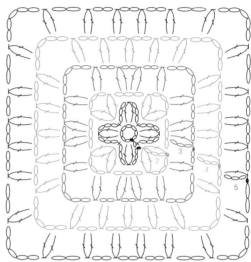

226 5단 모티브

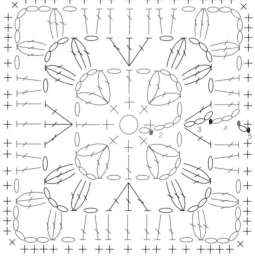

227 6단 모티브

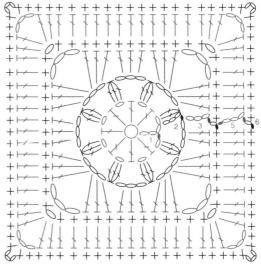

228 6단 모티브

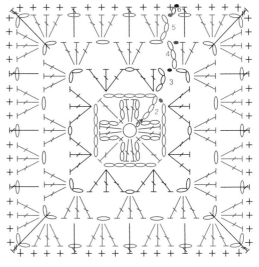

229 6단 모티브

230 6단 모티브

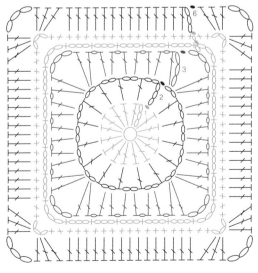

231 6단 모티브

232 7단 모티브

233 3코 9단 1무늬

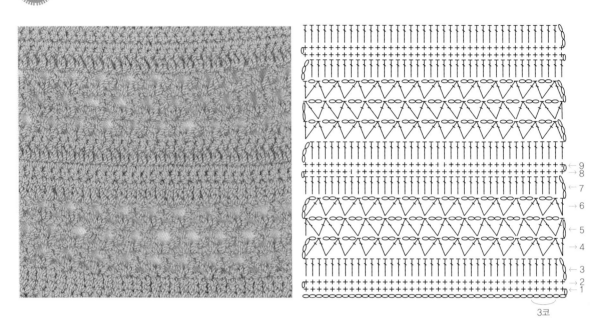

3코

234 10코 4단 1무늬

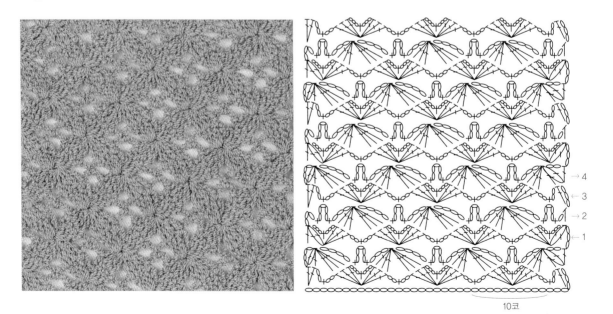

10코

235 12코 4단 1무늬

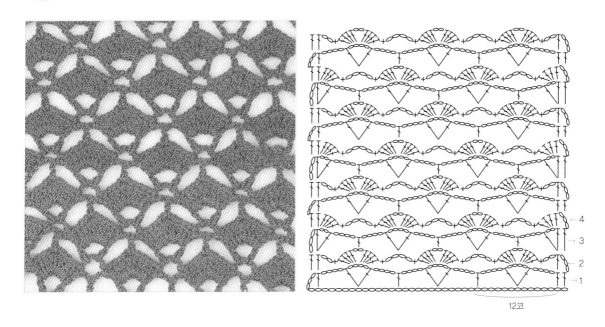

236 8코 4단 1무늬

237 10코 4단 1무늬

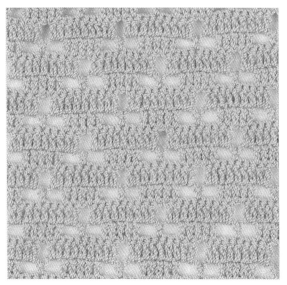

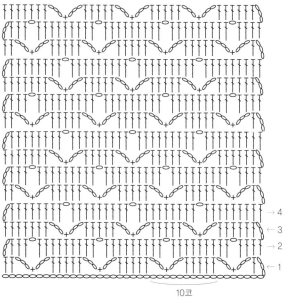

10코

238 8코 8단 1무늬

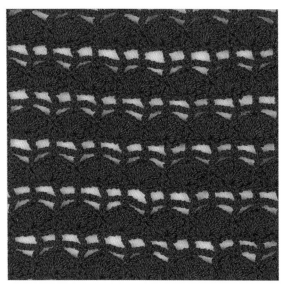

8코

239 11코 2단 1무늬

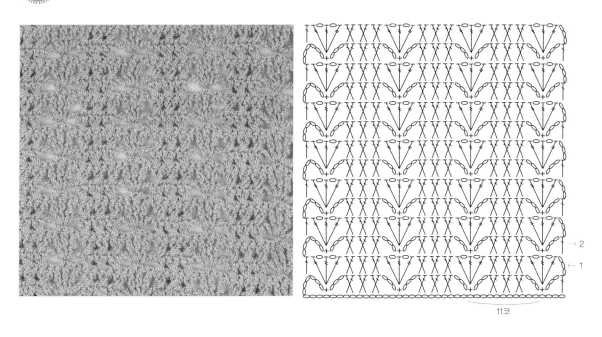

→ 2
← 1

11코

240 12코 2단 1무늬

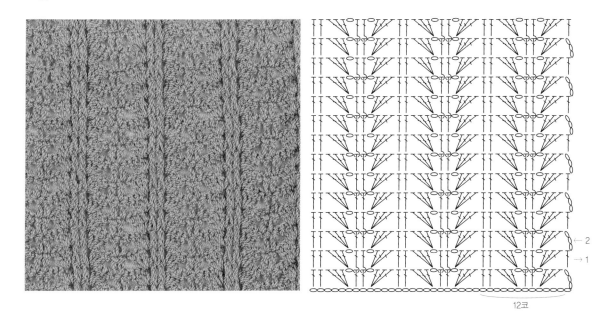

← 2
→ 1

12코

241 4코 4단 1무늬

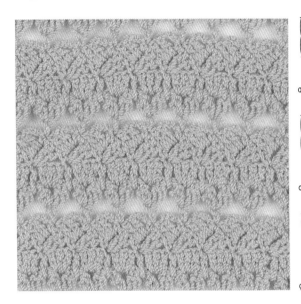

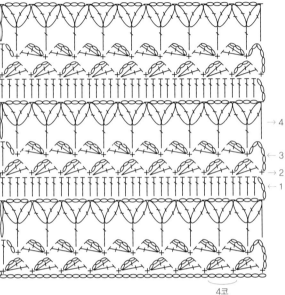

→ 4
← 3
→ 2
← 1

4코

242 8코 8단 1무늬

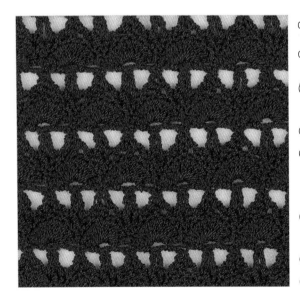

→ 8
← 7
→ 6
← 5
→ 4
← 3
→ 2
← 1

8코

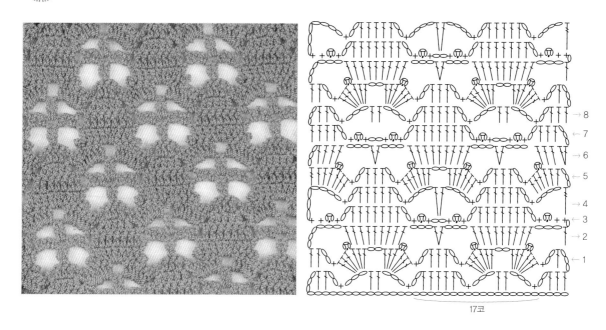

243 17코 8단 1무늬

244 16코 8단 1무늬

245 10코 16단 1무늬

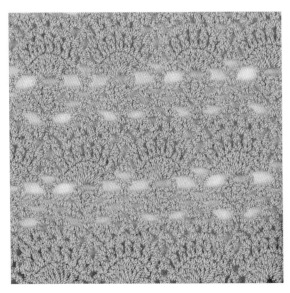

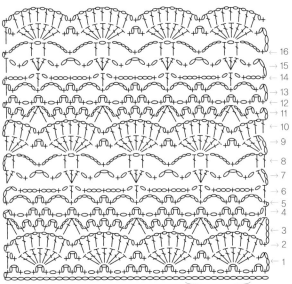

246 10코 10단 1무늬

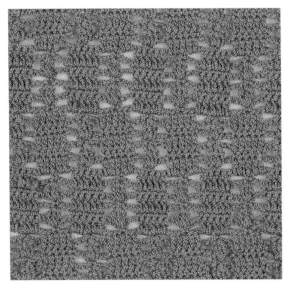

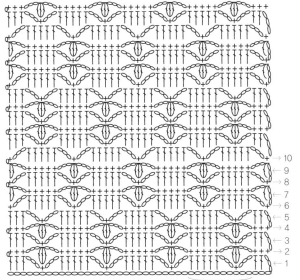

247 10코 4단 1무늬

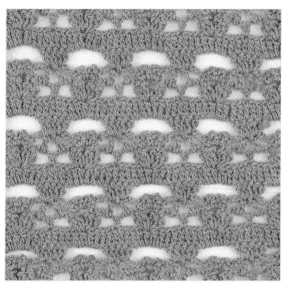

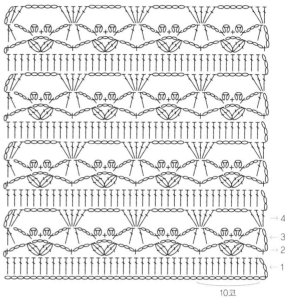

→ 4
← 3
→ 2
← 1

10코

248 16코 18단 1무늬

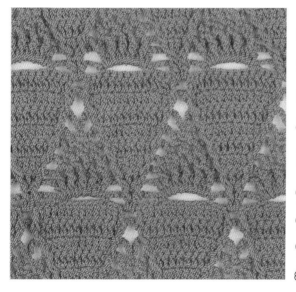

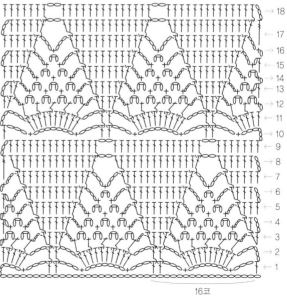

→ 18
← 17
→ 16
← 15
→ 14
← 13
→ 12
← 11
→ 10
← 9
→ 8
← 7
→ 6
← 5
→ 4
← 3
→ 2
← 1

16코

249 8코 4단 1무늬

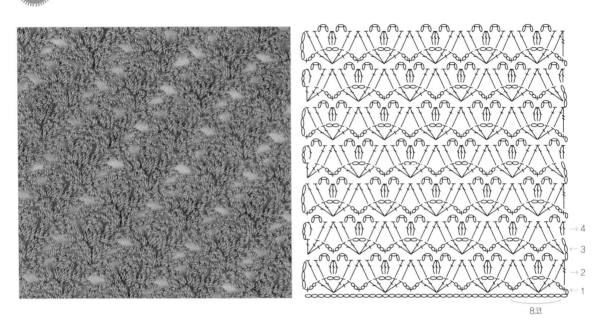

250 8코 4단 1무늬

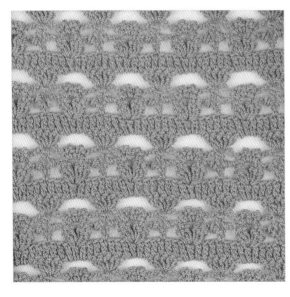

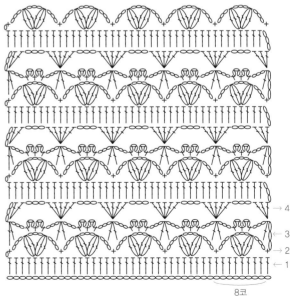

251 38코 16단 1무늬

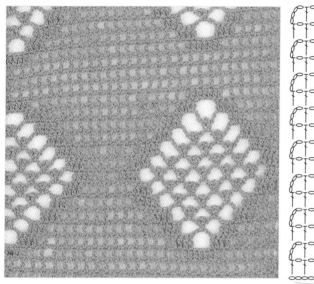

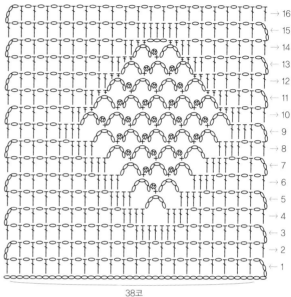

38코

252 12코 8단 1무늬

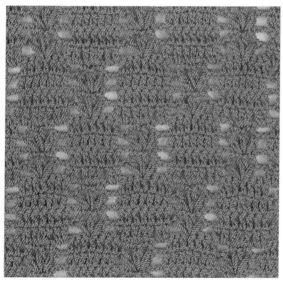

12코

253 8코 4단 1무늬

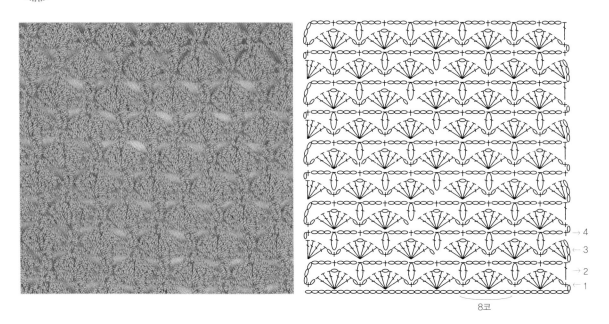

8코

254 30코 10단 1무늬

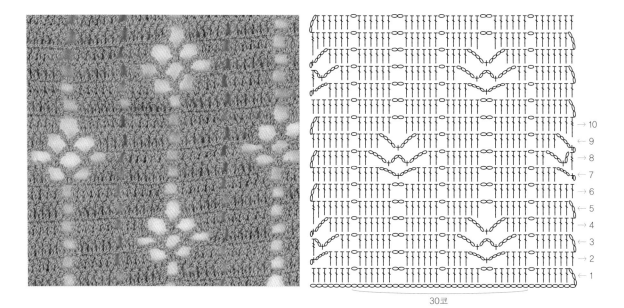

30코

255 12코 10단 1무늬

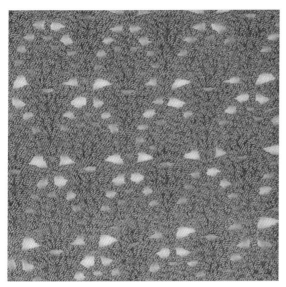

→ 10
→ 9
→ 8
← 7
→ 6
→ 5
→ 4
→ 3
→ 2
← 1

12코

256 4코 4단 1무늬

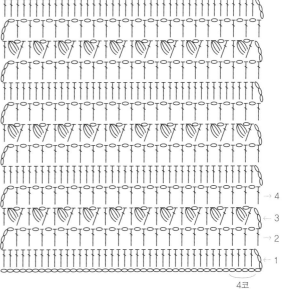

→ 4
→ 3
→ 2
→ 1

4코

257 10코 8단 1무늬

258 6코 4단 1무늬

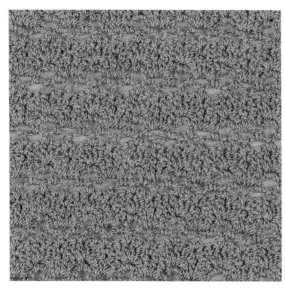

259 10코 2단 1무늬

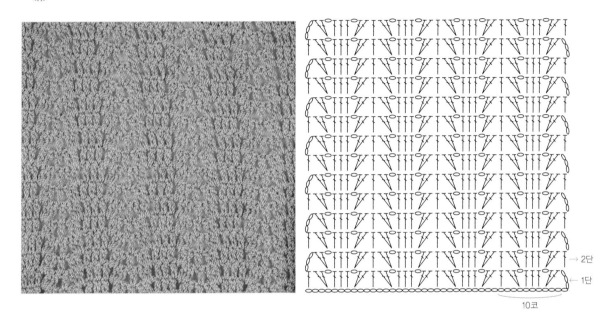

→ 2단
← 1단

10코

260 10코 6단 1무늬

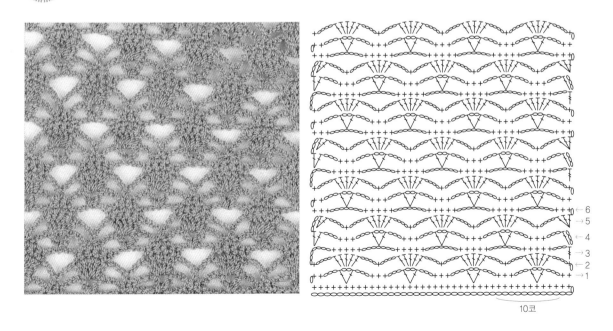

← 6
→ 5
← 4
→ 3
← 2
→ 1

10코

261 33코 6단 1무늬

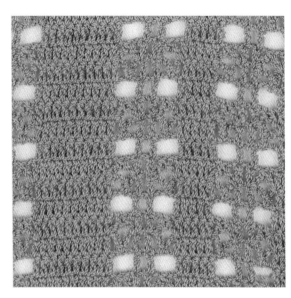
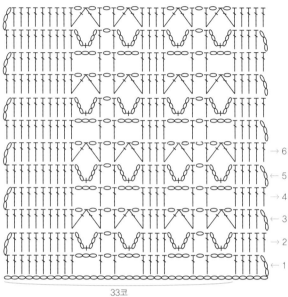

33코

262 7코 8단 1무늬

7코

263 6코 4단 1무늬

264 18코 10단 1무늬

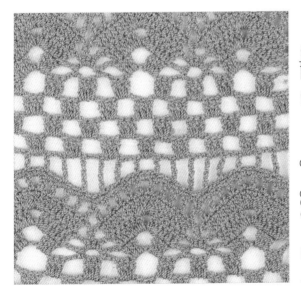

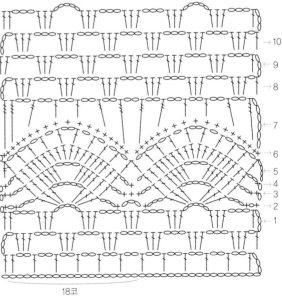

265 8코 10단 1무늬

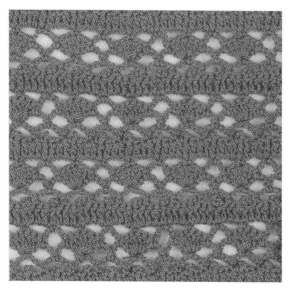

266 8코 4단 1무늬

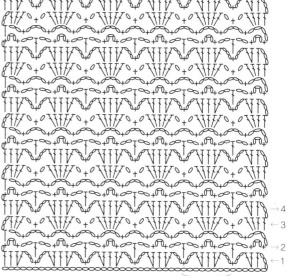

267 8코 2단 1무늬

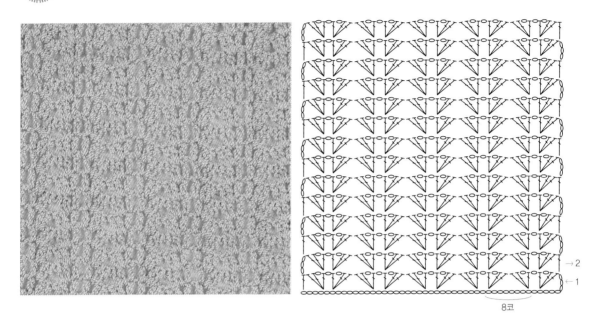

268 9코 4단 1무늬

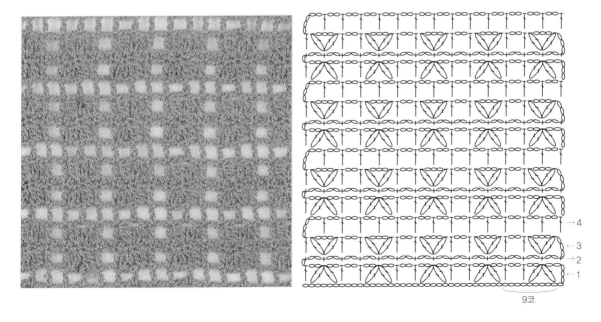

269 18코 6단 1무늬

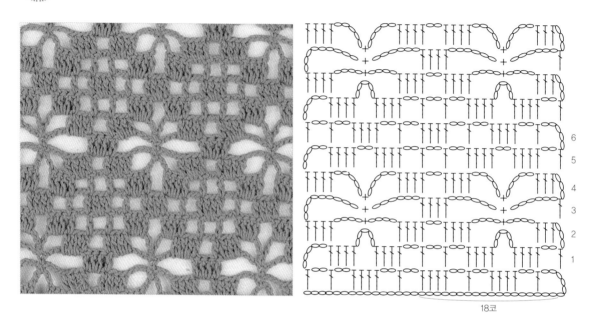

18코

270 8코 2단 1무늬

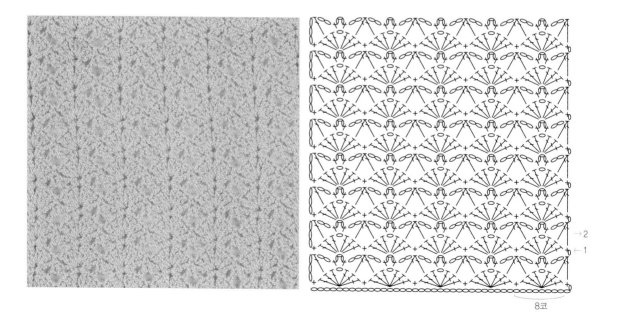

8코

271 16코 8단 1무늬

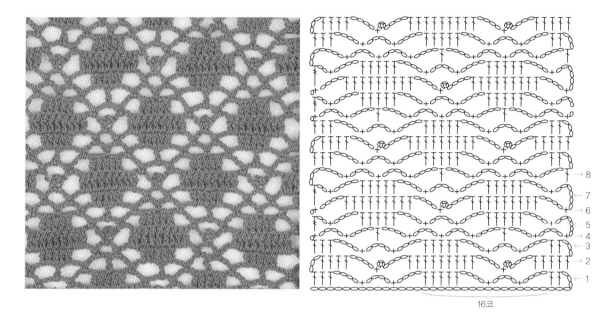

16코

272 6코 4단 1무늬

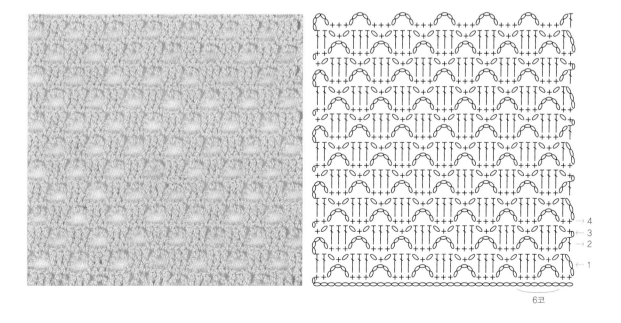

6코

273 42코 6단 1무늬

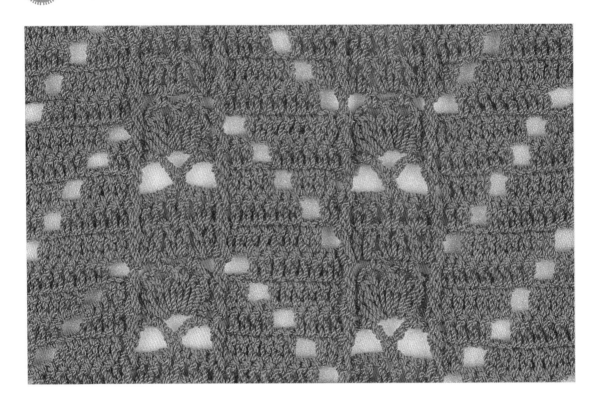

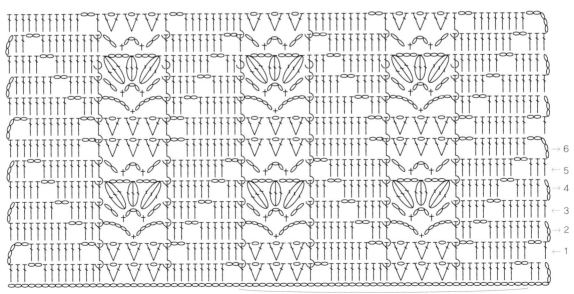

→ 6
← 5
→ 4
← 3
→ 2
← 1

42코

274　14코 6단 1무늬

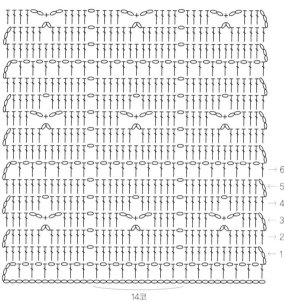

14코

275　12코 4단 1무늬

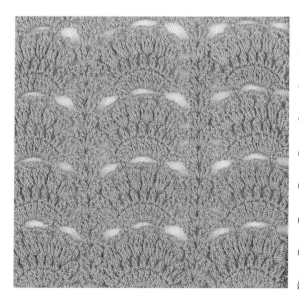

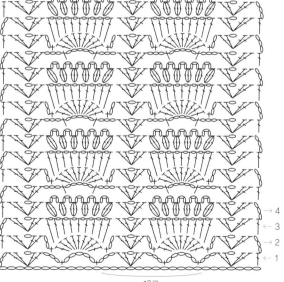

12코

276 18코 2단 1무늬

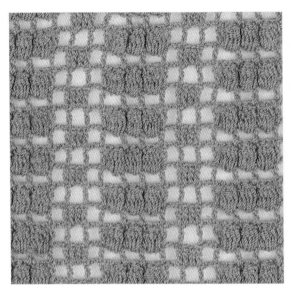

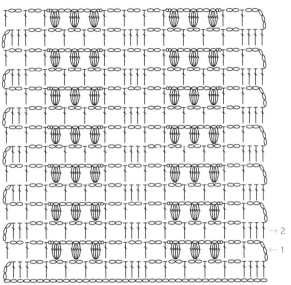

→ 2
← 1

18코

277 10코 6단 1무늬

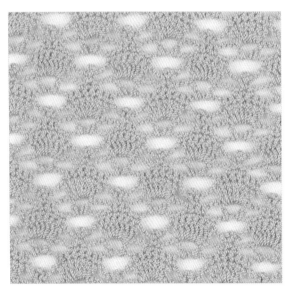

→ 6
→ 5
→ 4
→ 3
→ 2
→ 1

10코

278 10코 4단 1무늬

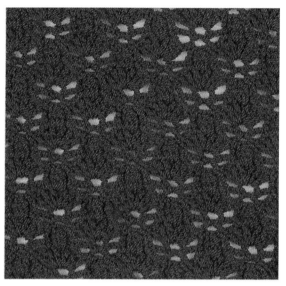

→ 4
← 3
→ 2
← 1

10코

279 6코 4단 1무늬

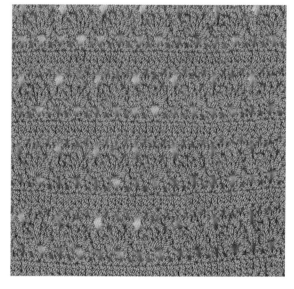

→ 4
← 3
→ 2
← 1

6코

280 15코 4단 1무늬

281 31코 5단 1무늬

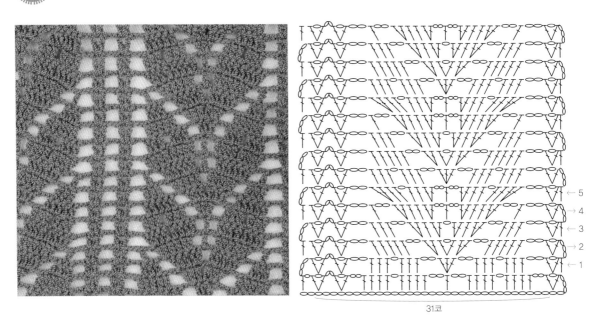

282 15코 4단 1무늬

→ 4
← 3
→ 2
← 1

15코

283 4코 2단 1무늬

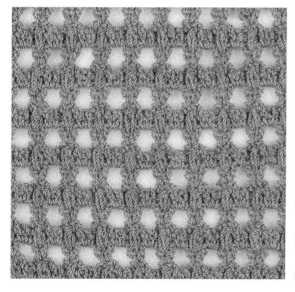
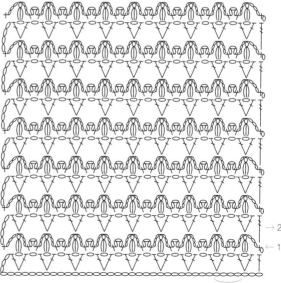

→ 2
← 1

4코

284 20코 24단 1무늬

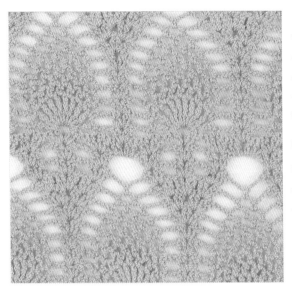

20코

285 21코 12단 1무늬

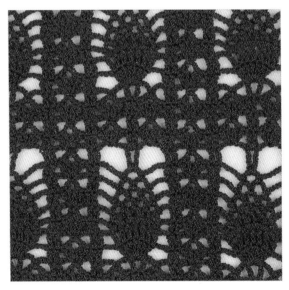

21코

286 10코 4단 1무늬

10코

287 4코 2단 1무늬

4코

288   7코 2단 1무늬

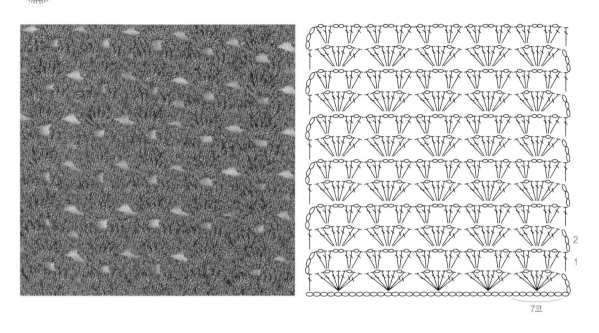

7코

289   10코 2단 1무늬

10코

290 14코 4단 1무늬

14코

291 11코 2단 1무늬

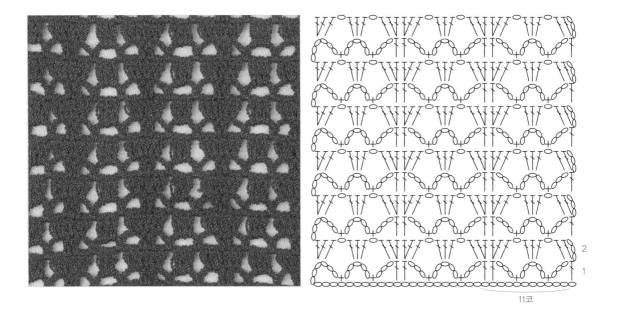

11코

292 6코 2단 1무늬

293 12코 2단 1무늬

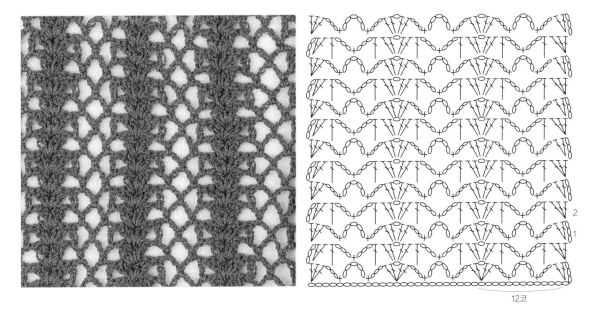

1

294 9코 4단 1무늬

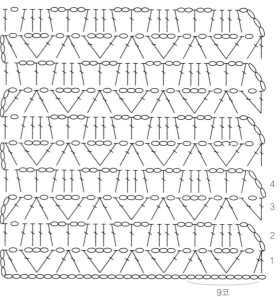

9코

295 6코 4단 1무늬

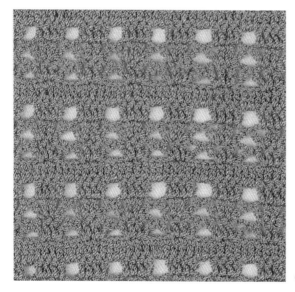
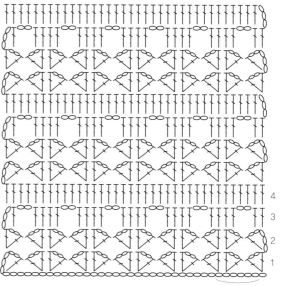

6코

296 8코 8단 1무늬

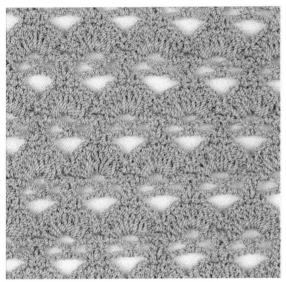

8코

297 20코 14단 1무늬

20코

298 8코 16단 1무늬

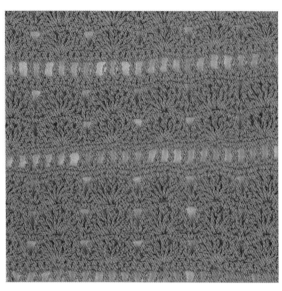

8코

299 8코 6단 1무늬

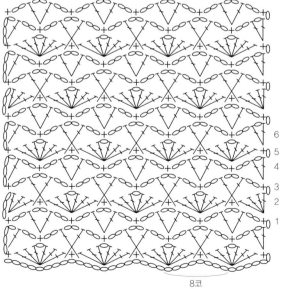

8코

300 8코 6단 1무늬

301 9코 4단 1무늬

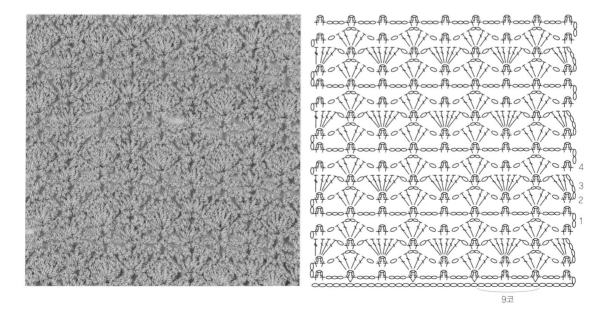

302 10코 4단 1무늬

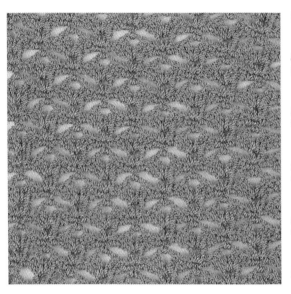

10코

303 8코 12단 1무늬

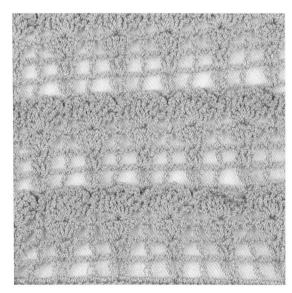

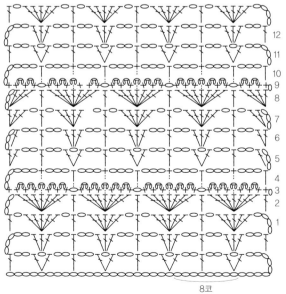

8코

304 8코 6단 1무늬

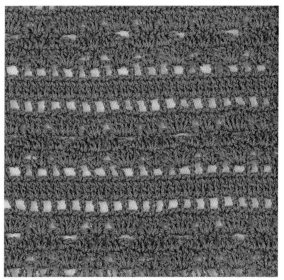

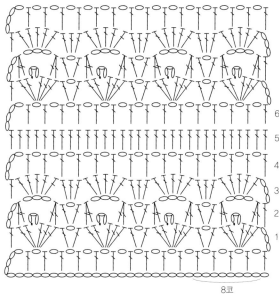

8코

305 16코 16단 1무늬

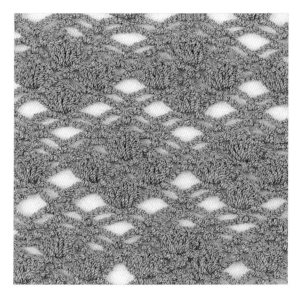

16코

306 18코 8단 1무늬

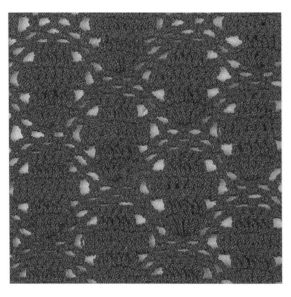

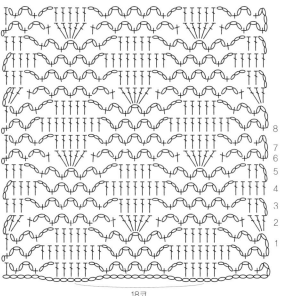

18코

307 2코 4단 1무늬

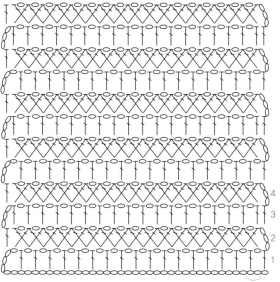

2코

308 13코 4단 1무늬

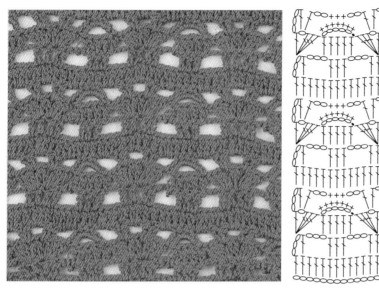

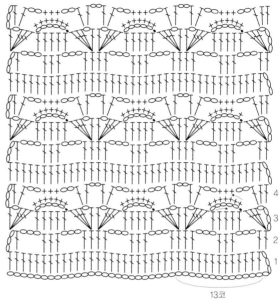

13코

309 12코 10단 1무늬

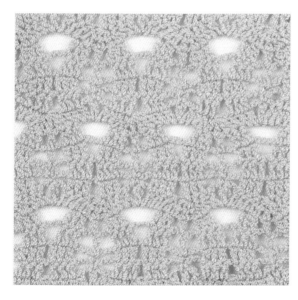

12코

310 10코 6단 1무늬

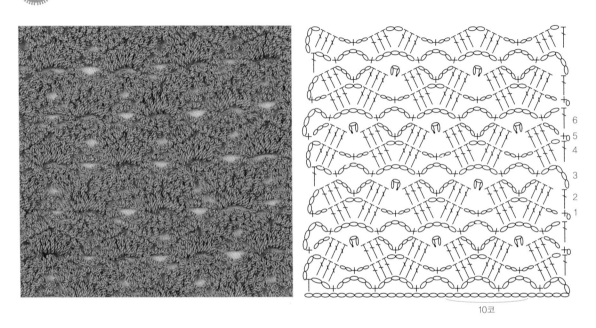

10코

311 10코 2단 1무늬

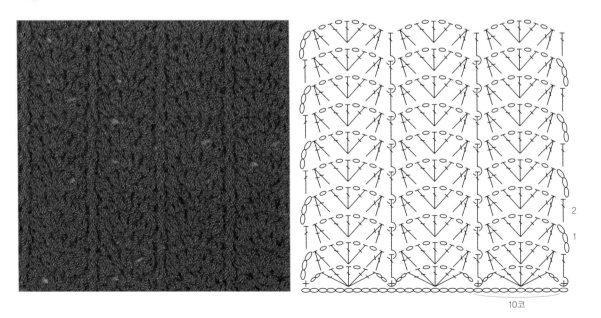

10코

312 16코 6단 1무늬

16코

313 8코 6단 1무늬

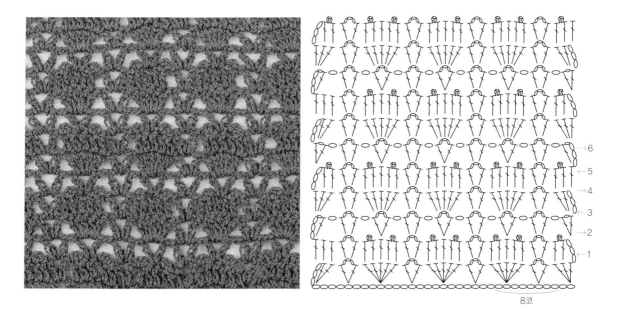

8코

314 8코 12단 1무늬

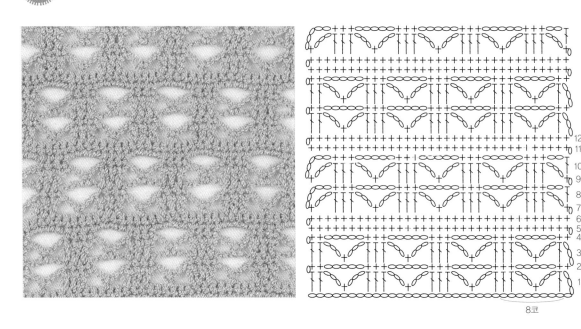

8코

315 10코 3단 1무늬

10코

316 8코 4단 1무늬

8코

317 7코 6단 1무늬

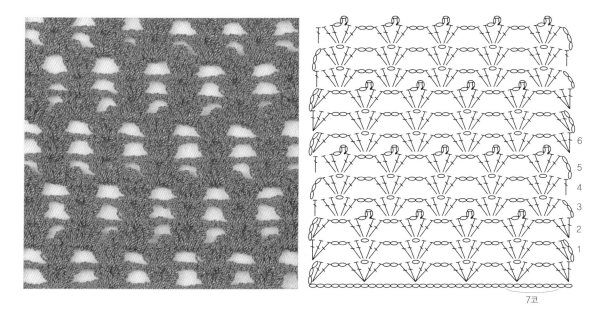

7코

318 7코 6단 1무늬

319 8코 2단 1무늬

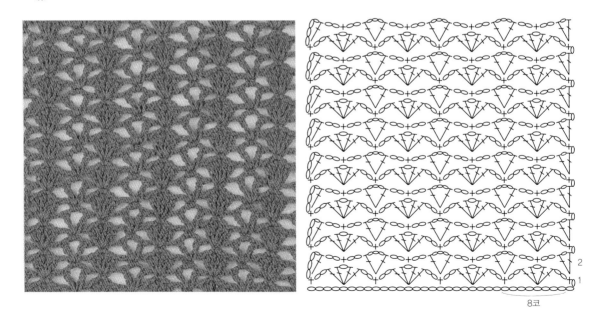

320 13코 4단 1무늬

13코

321 8코 8단 1무늬

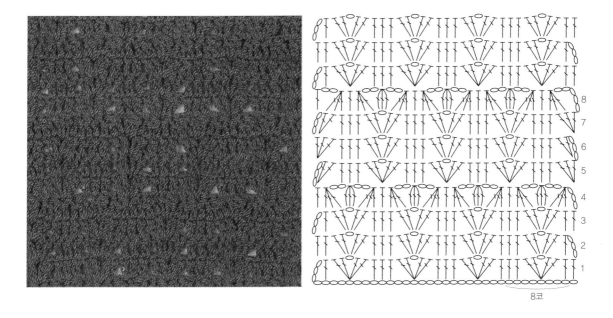

8코

322 30코 6단 1무늬

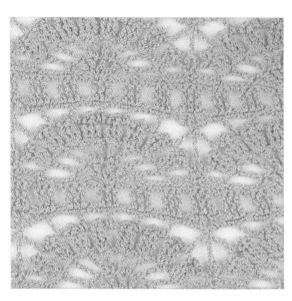

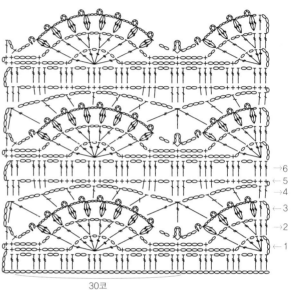

30코

323 18코 14단 1무늬

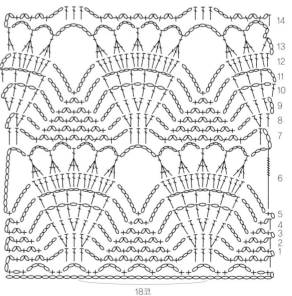

18코

324 30코 10단 1무늬

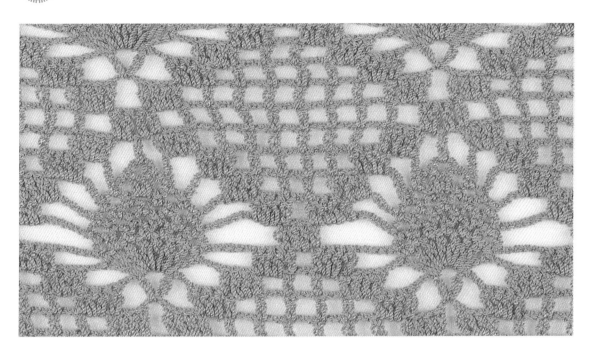

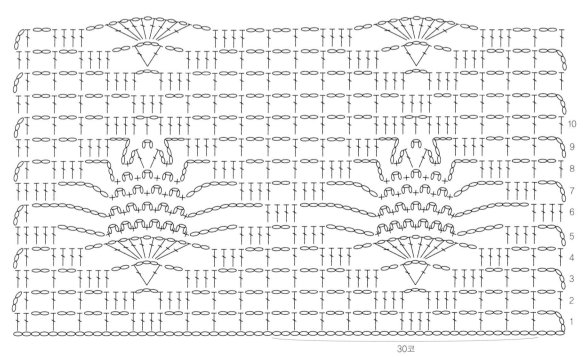

30코

325 30코 10단 1무늬

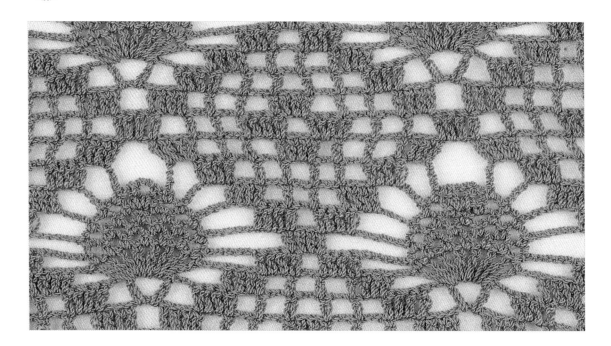

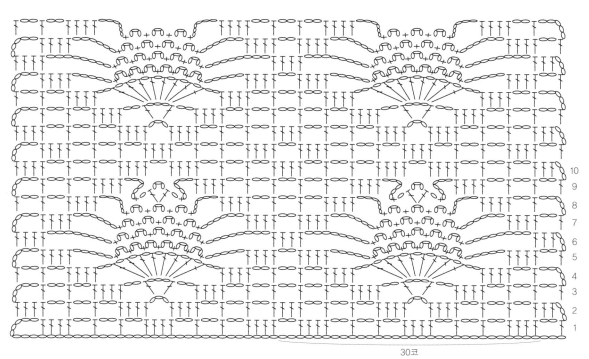

30코

326 39코 4단 1무늬

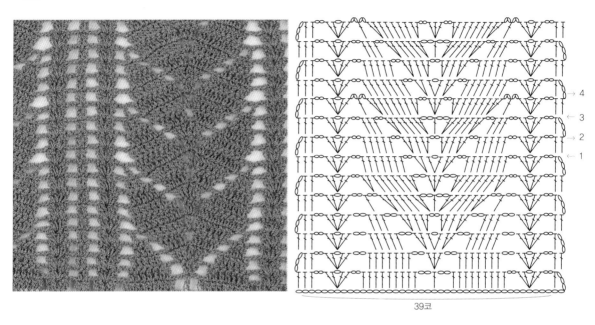

39코

327 8코 1단 1무늬

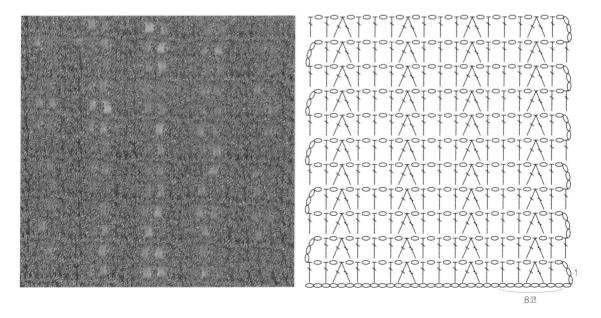

8코

328 28코 14단 1무늬

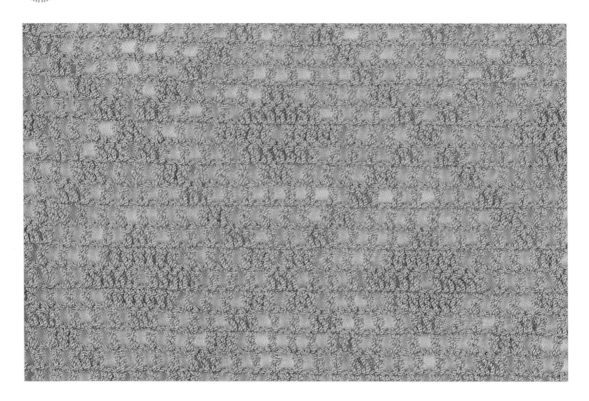

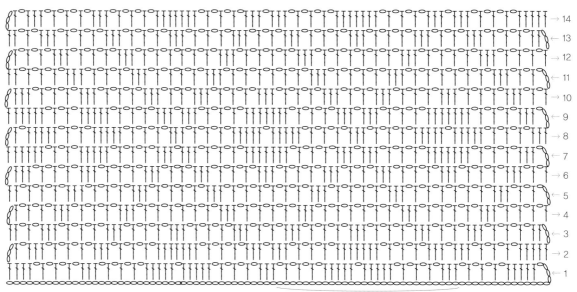

28코

329 39코 12단 1무늬

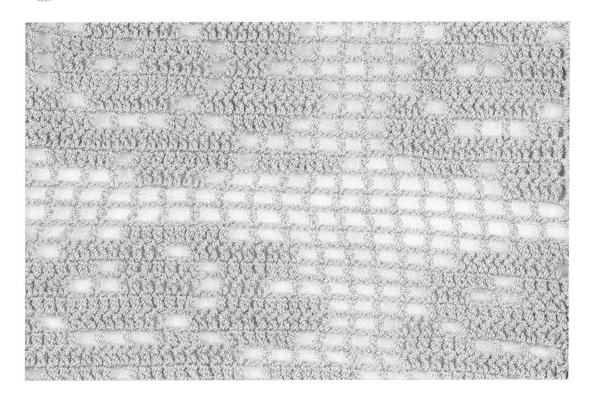

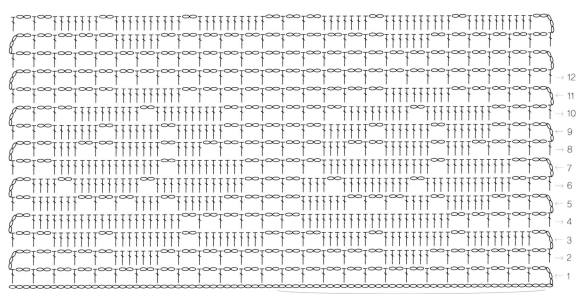

→ 12
← 11
→ 10
→ 9
→ 8
← 7
→ 6
→ 5
→ 4
← 3
→ 2
← 1

39코

330 39코 12단 1무늬

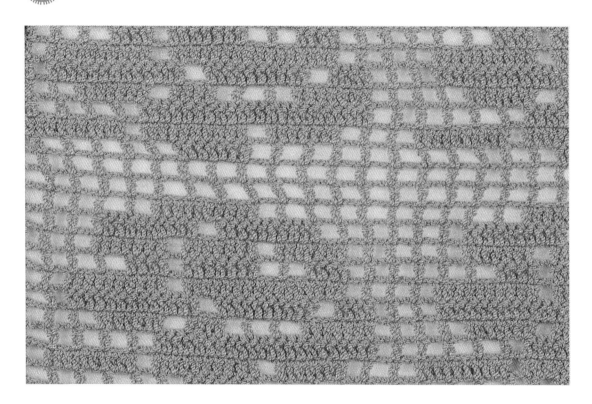

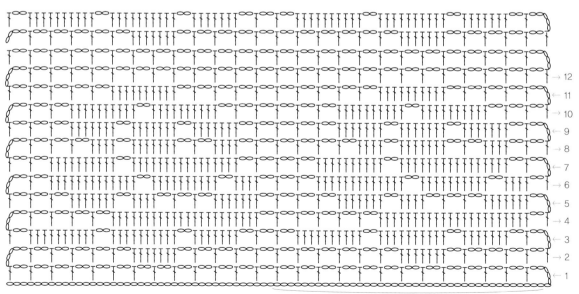

→ 12
← 11
→ 10
→ 9
→ 8
← 7
→ 6
← 5
→ 4
→ 3
→ 2
← 1

39코

331 30코 14단 1무늬

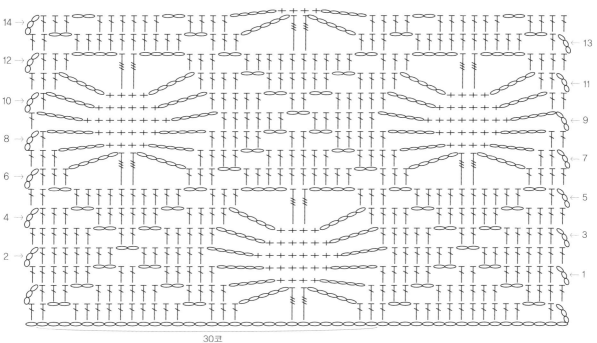

30코

332 8코 6단 1무늬

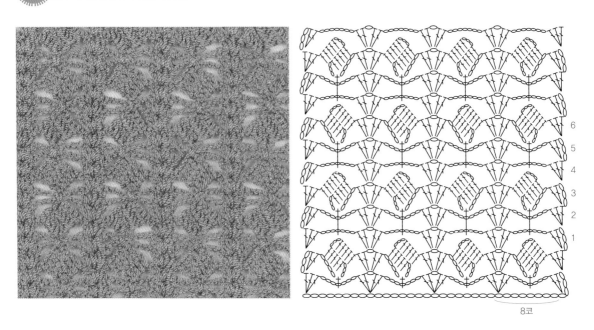

333 10코 4단 1무늬

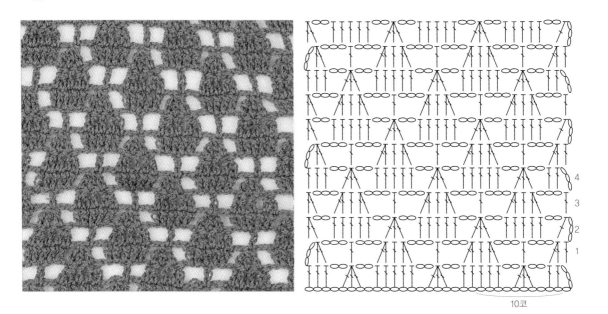

334 14코 6단 1무늬

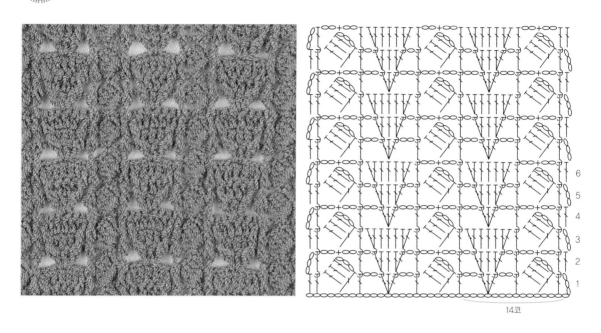

335 17코 3단 1무늬

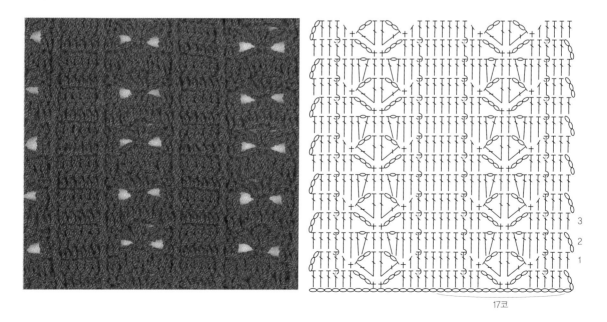

336 20코 2단 1무늬

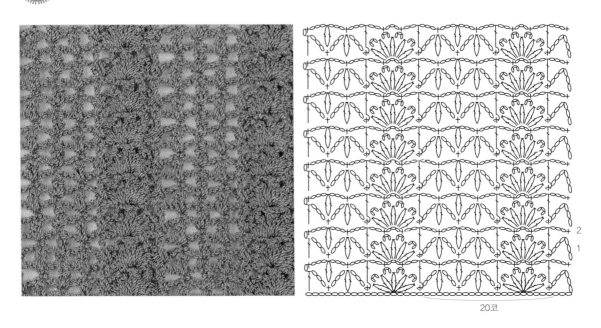

20코

337 12코 4단 1무늬

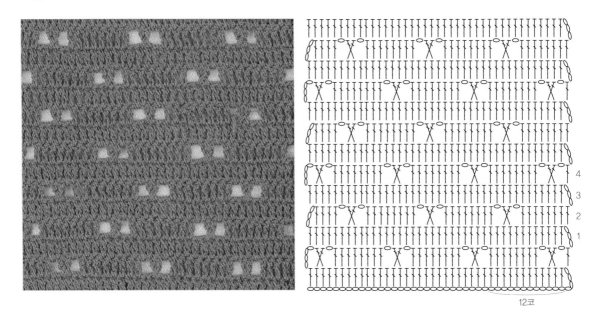

12코

338 10코 2단 1무늬

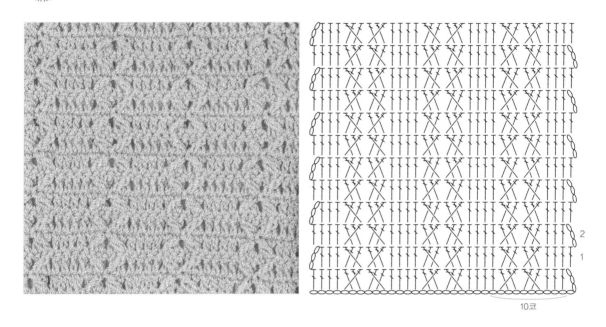

339 3코 2단 1무늬

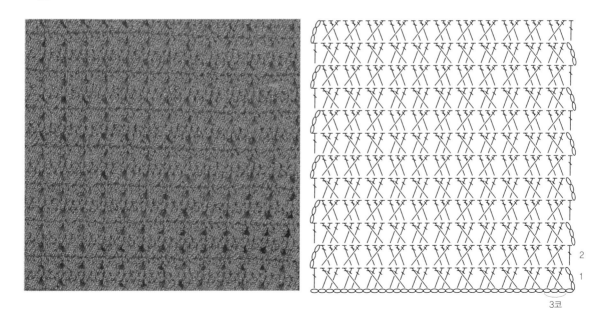

340 6코 2단 1무늬

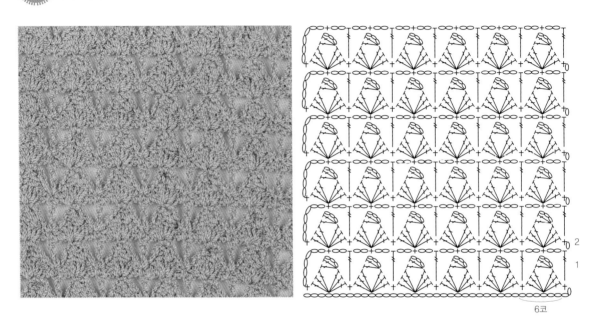

6코

341 13코 2단 1무늬

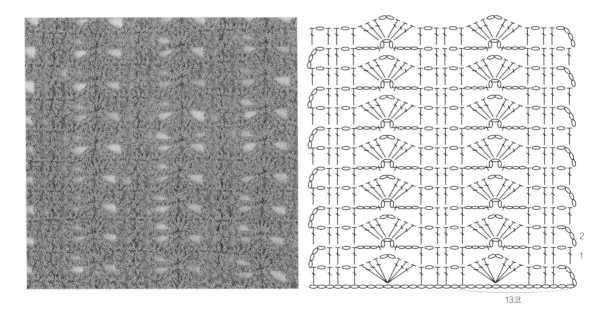

13코

342 12코 2단 1무늬

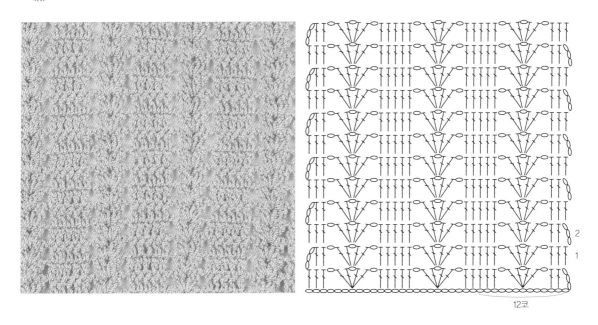

12코

2
1

343 18코 6단 1무늬

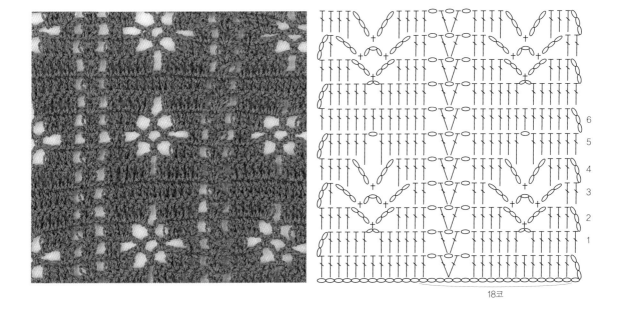

18코

6
5
4
3
2
1

 344 8코 2단 1무늬

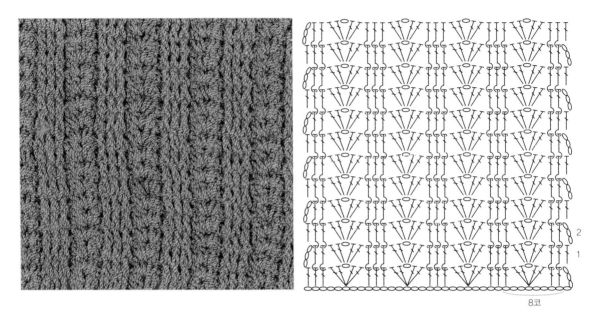

 345 14코 14단 1무늬

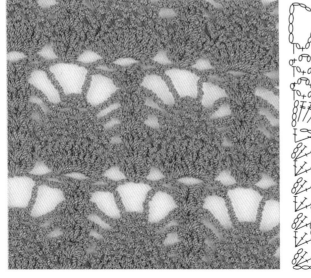

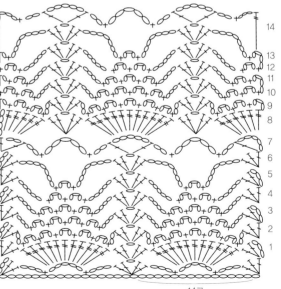

346 18코 12단 1무늬

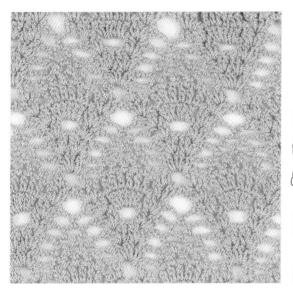

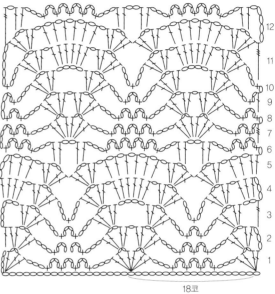

18코

347 12코 14단 1무늬

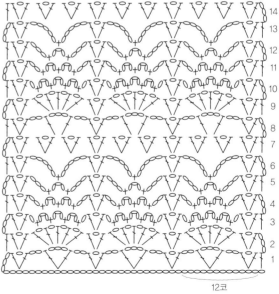

12코

348 21코 14단 1무늬

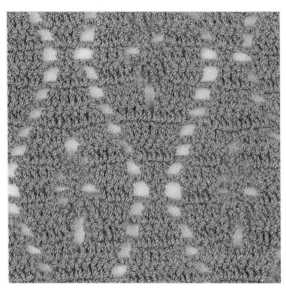

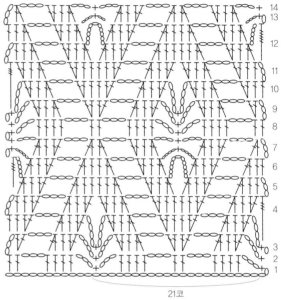

21코

349 8코 6단 1무늬

8코

350 8코 4단 1무늬

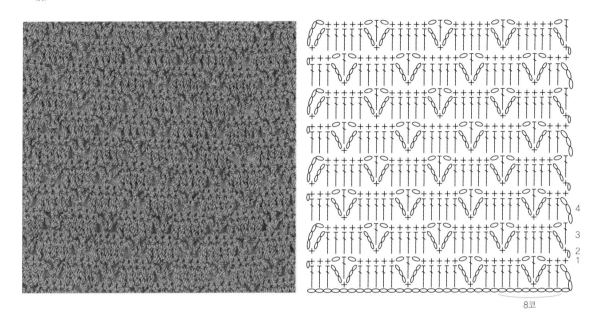

8코

351 3코 2단 1무늬

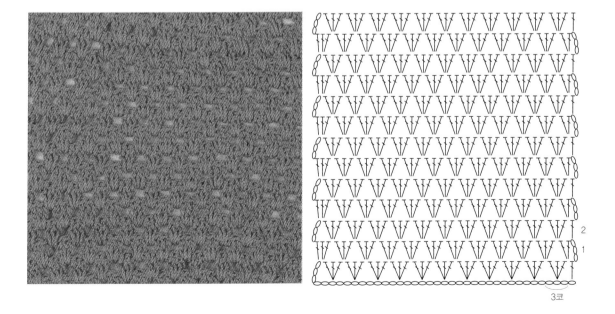

3코

352 10코 2단 1무늬

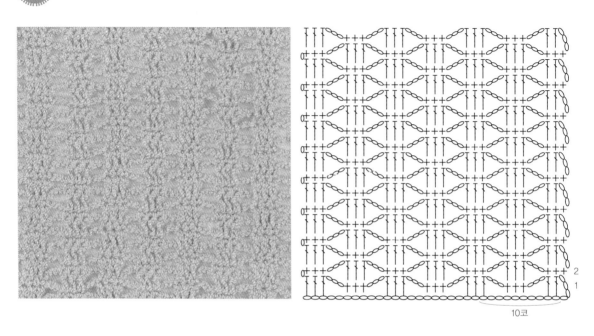

10코

353 3코 2단 1무늬

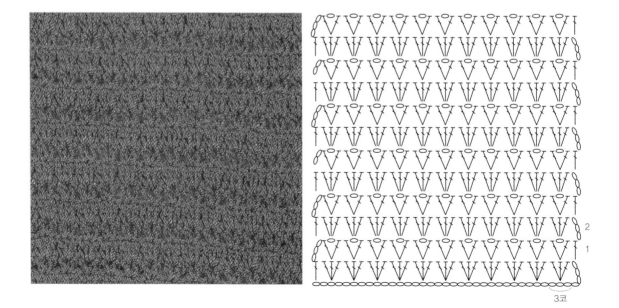

3코

354 10코 4단 1무늬

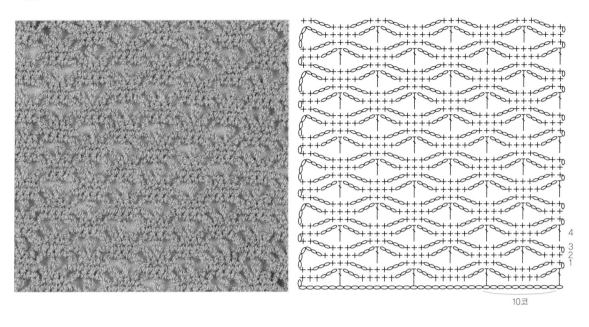

10코

355 10코 4단 1무늬

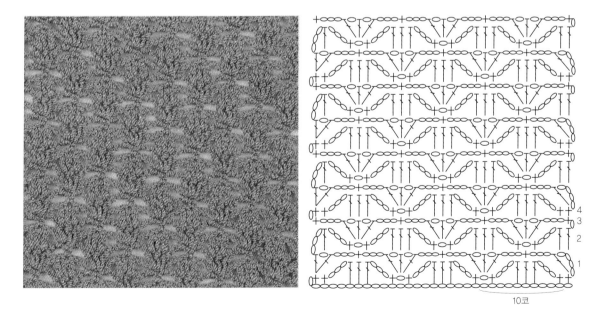

10코

356 12코 4단 1무늬

357 6코 8단 1무늬

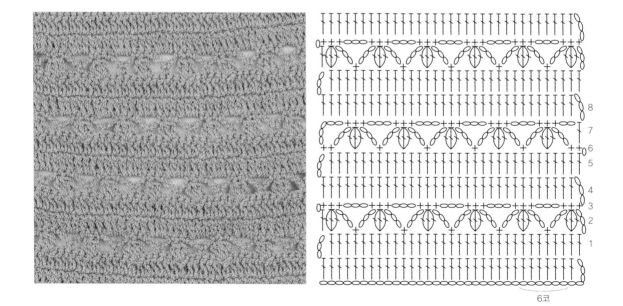

358   14코 6단 1무늬

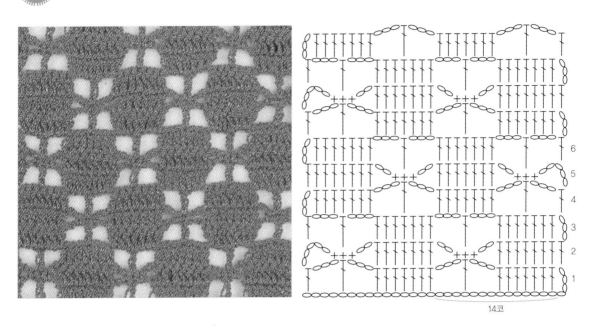

359   8코 2단 1무늬

360 14코 8단 1무늬

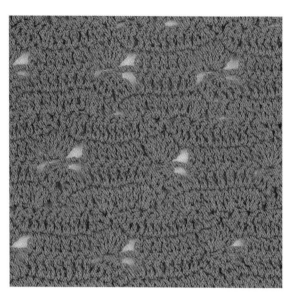

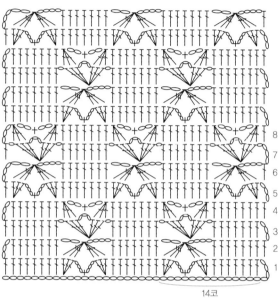

14코

361 9코 9단 1무늬

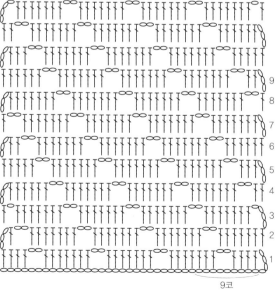

9코

362 8코 2단 1무늬

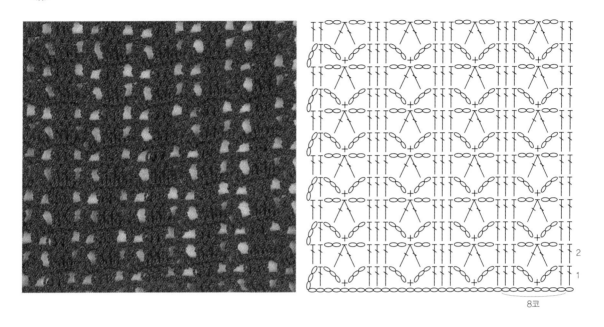

8코

363 10코 4단 1무늬

10코

364 11코 4단 1무늬

11코

365 7코 4단 1무늬

7코

366 6코 4단 1무늬

4
3
2
1

6코

367 13코 2단 1무늬

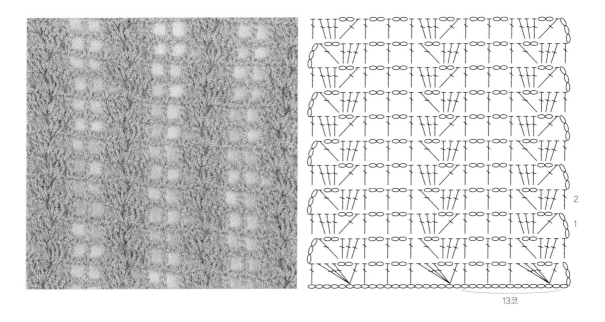

2
1

13코

368 18코 6단 1무늬

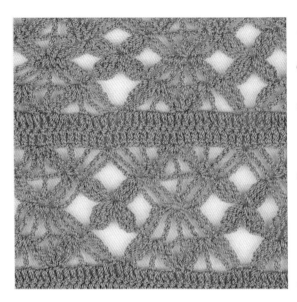

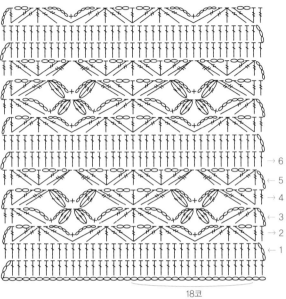

18코

369 12코 10단 1무늬

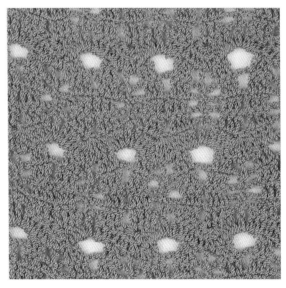

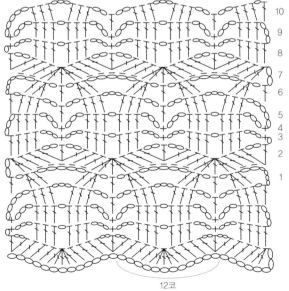

12코

370 16코 8단 1무늬

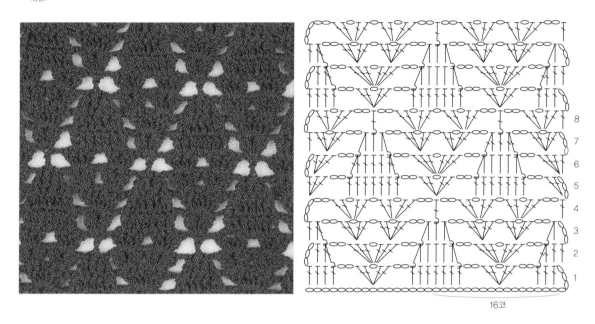

16코

371 12코 4단 1무늬

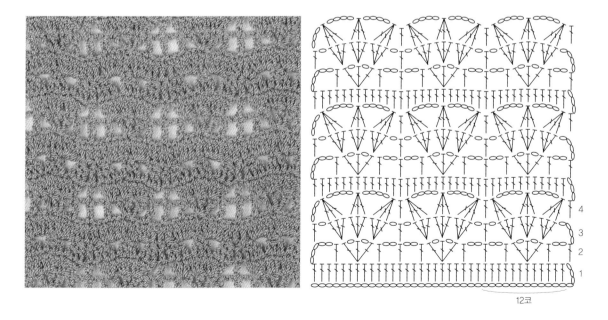

12코

372 6코 2단 1무늬

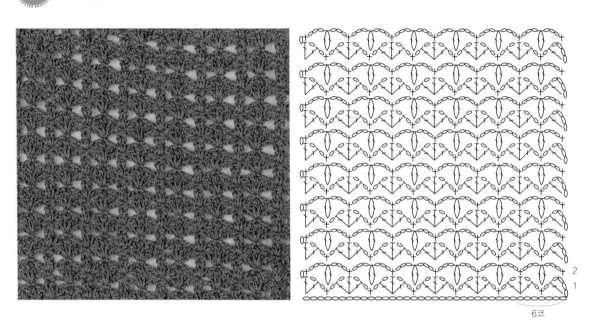

373 7코 2단 1무늬

374 12코 2단 1무늬

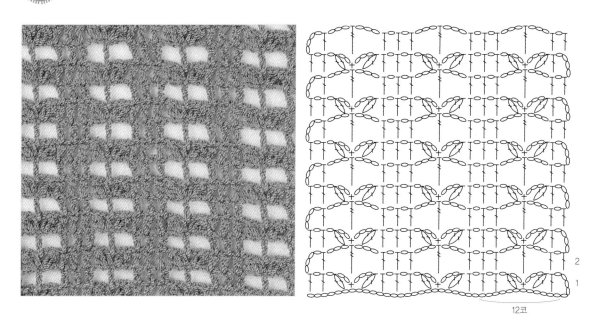

12코

2
1

375 22코 4단 1무늬

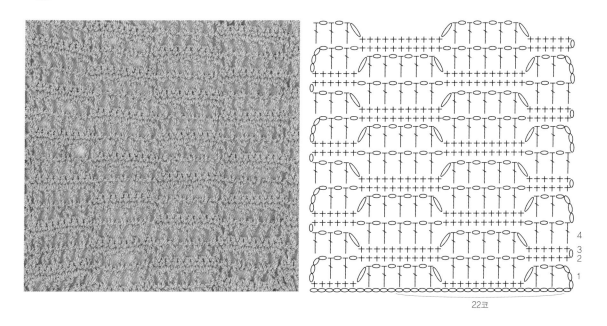

22코

4
3
2
1

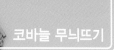

376 5코 6단 1무늬

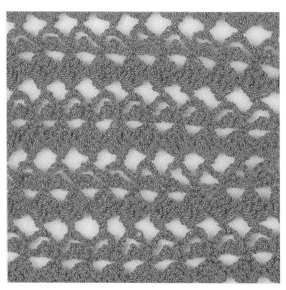

377 5코 4단 1무늬

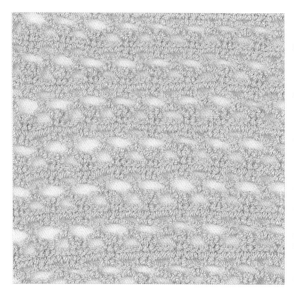

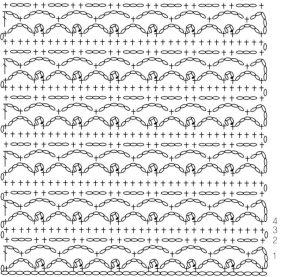

378 8코 4단 1무늬

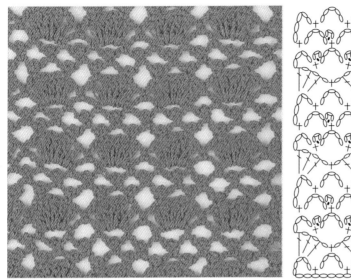

379 8코 4단 1무늬

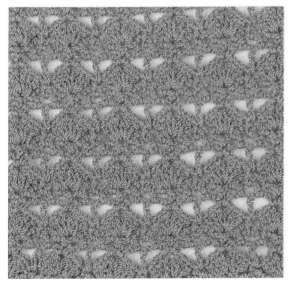
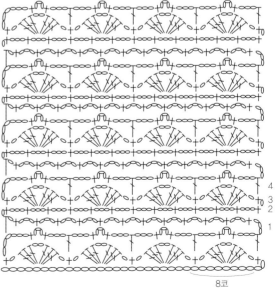

380 10코 3단 1무늬

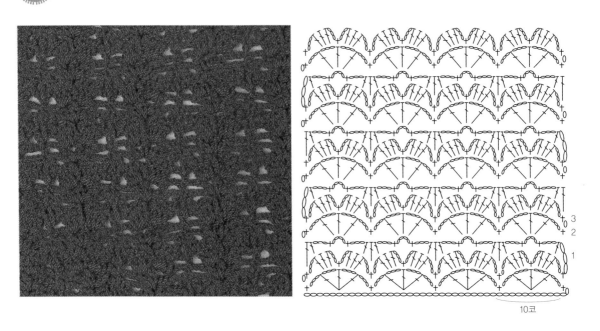

381 7코 4단 1무늬

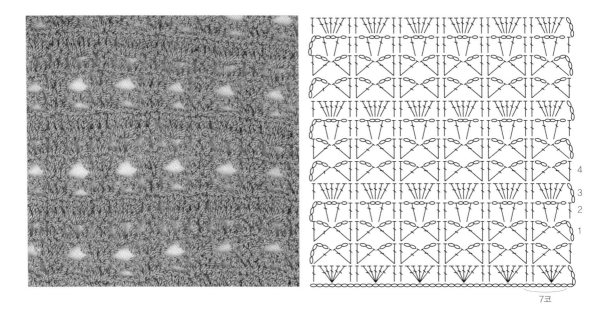

382 16코 12단 1무늬

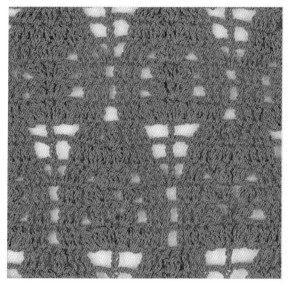

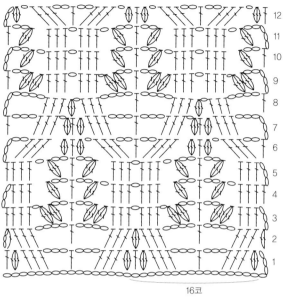

16코

383 12코 5단 1무늬

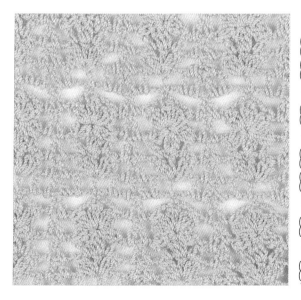

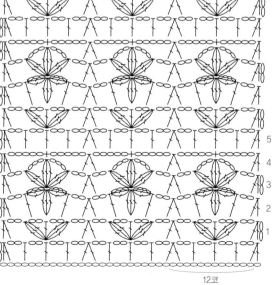

12코

384 16코 6단 1무늬

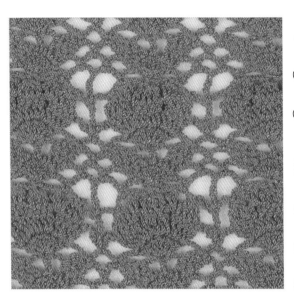

16코

385 17코 6단 1무늬

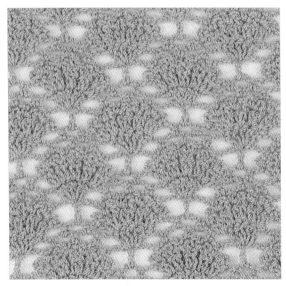

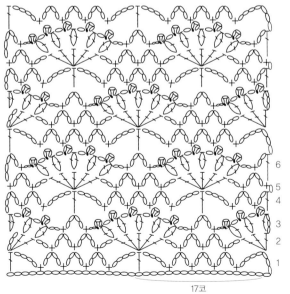

17코

Hand knitted Pattern

386 10코 4단 1무늬

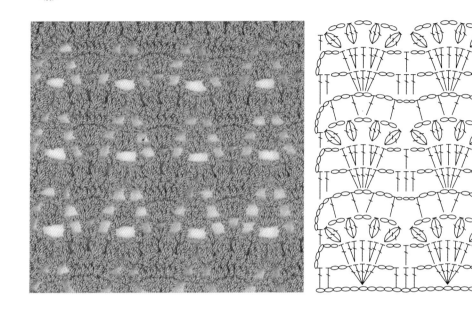

10코

387 4코 2단 1무늬

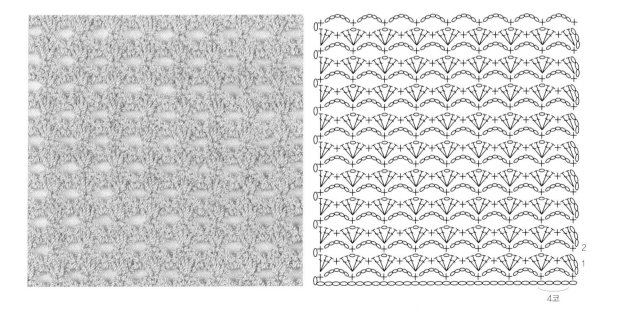

4코

225

388 6코 6단 1무늬

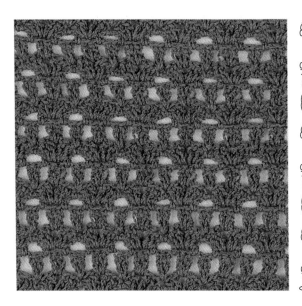

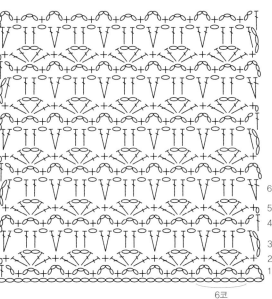

6코

389 10코 8단 1무늬

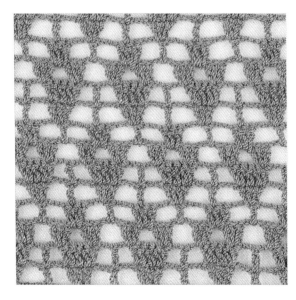

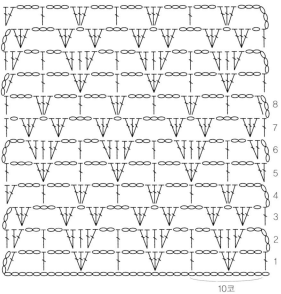

10코

390 12코 8단 1무늬

391 8코 2단 1무늬

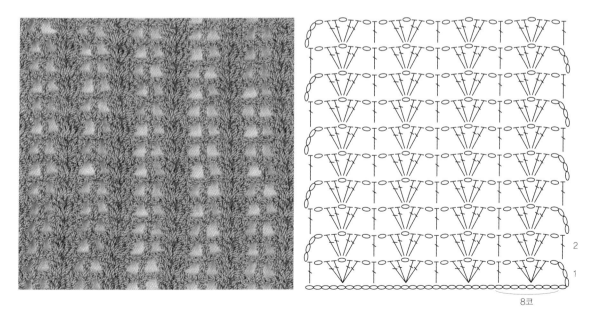

392 8코 4단 1무늬

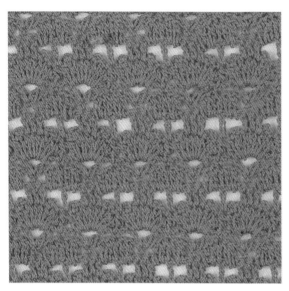

8코

393 16코 10단 1무늬

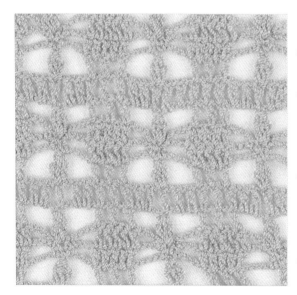

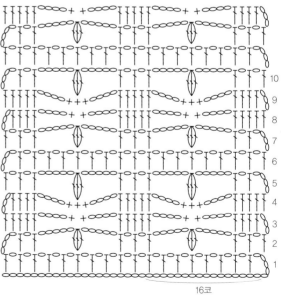

16코

394 6코 4단 1무늬

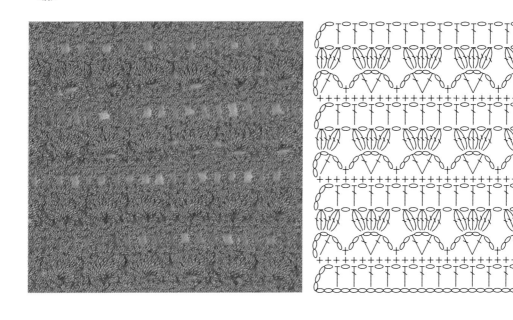

6코

395 10코 4단 1무늬

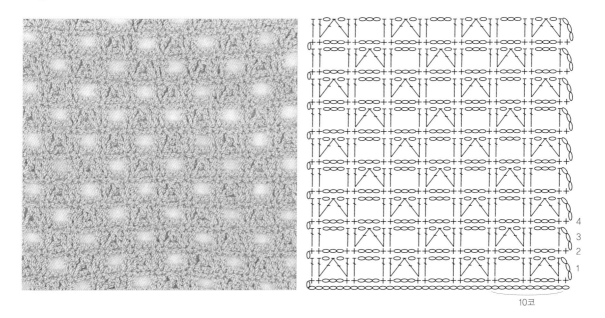

10코

396 19코 8단 1무늬

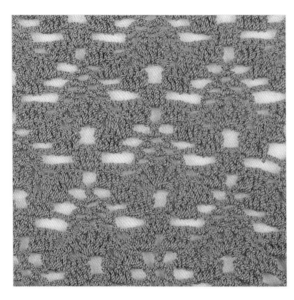

19코

397 12코 4단 1무늬

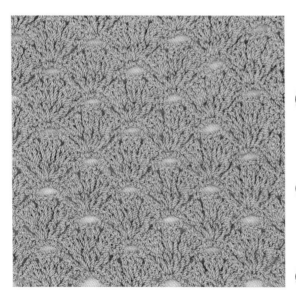

12코

398 10코 4단 1무늬

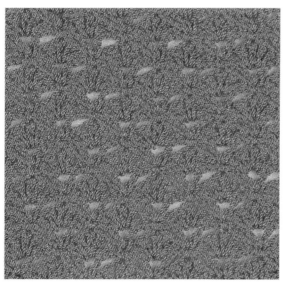

10코

399 8코 4단 1무늬

8코

400 16코 4단 1무늬

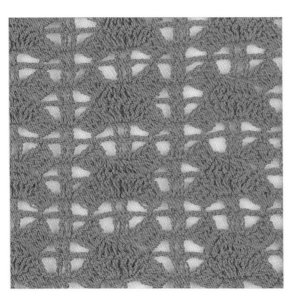

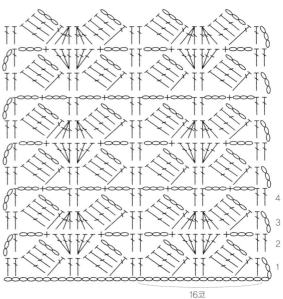

16코

401 4코 4단 1무늬

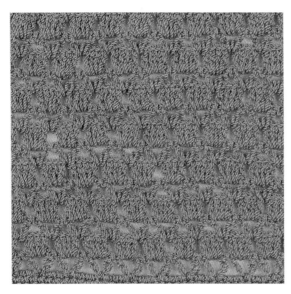

4코

402 8코 7단 1무늬

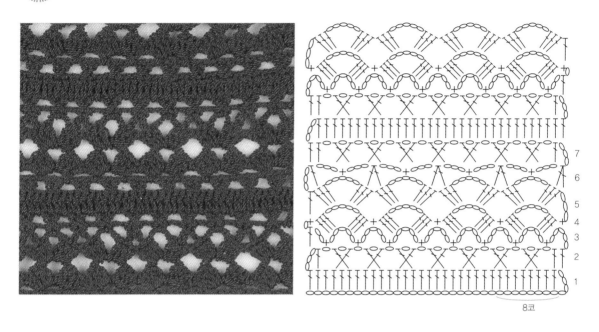

7
6
5
4
3
2
1

8코

403 16코 4단 1무늬

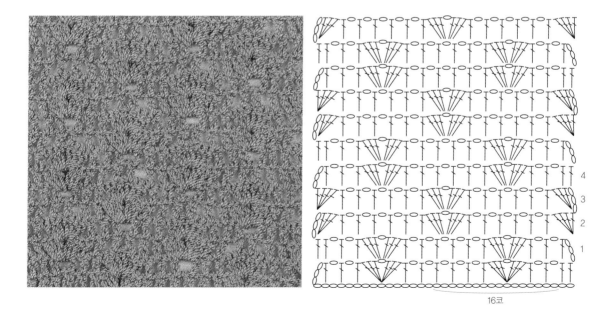

4
3
2
1

16코

404 8코 4단 1무늬

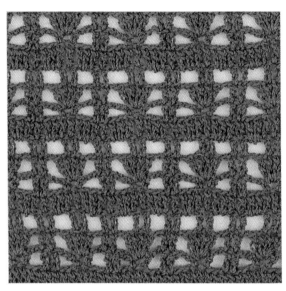

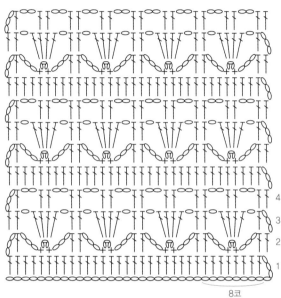

8코

405 10코 4단 1무늬

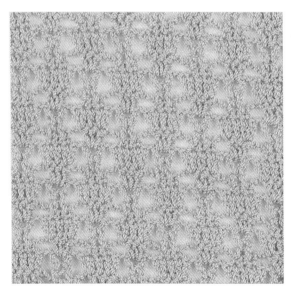

10코

406 11코 4단 1무늬

11코

4
3
2
1

407 12코 10단 1무늬

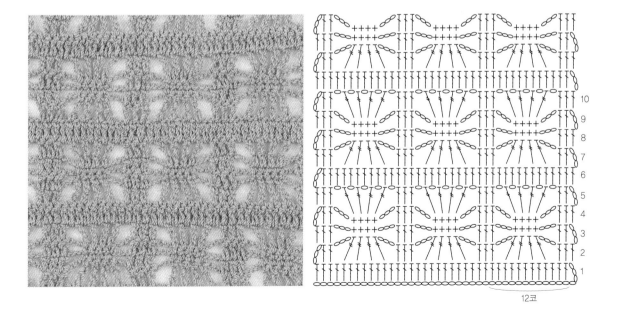

12코

10
9
8
7
6
5
4
3
2
1

408 8코 2단 1무늬

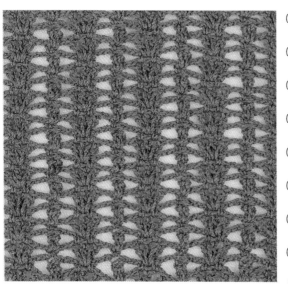

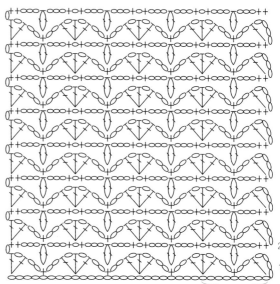

8코

409 8코 2단 1무늬

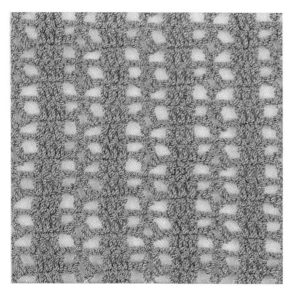

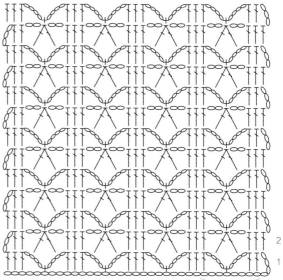

8코

410　10코 4단 1무늬

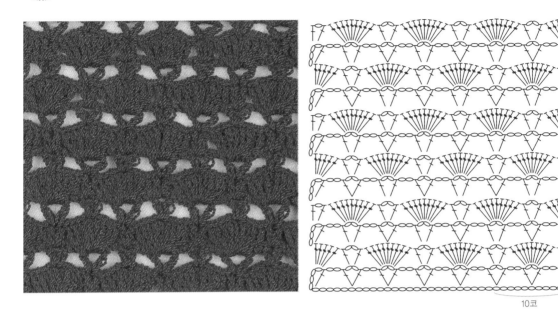

411　10코 4단 1무늬

412 8코 2단 1무늬

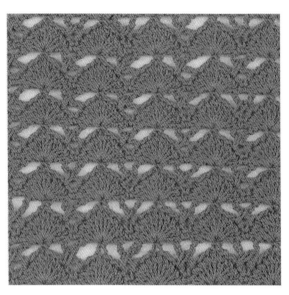

8코

413 11코 8단 1무늬

11코

414 8코 4단 1무늬

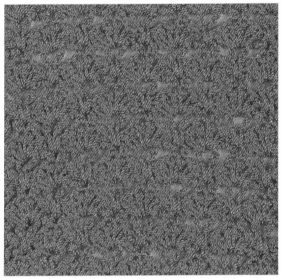

8코

415 9코 4단 1무늬

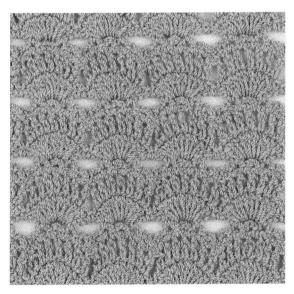

9코

416 6코 4단 1무늬

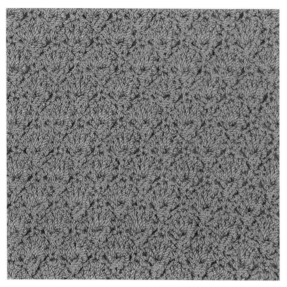

6코

417 8코 2단 1무늬

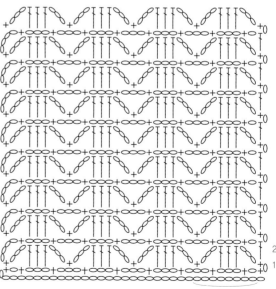

8코

418 9코 2단 1무늬

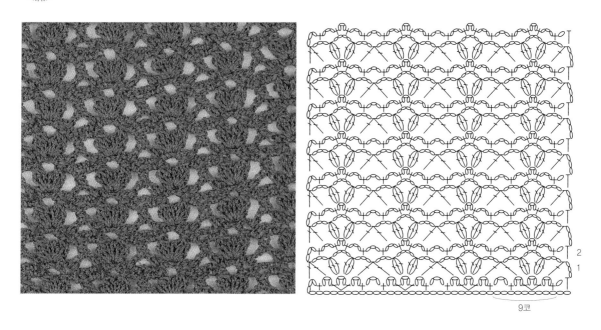

9코

419 18코 12단 1무늬

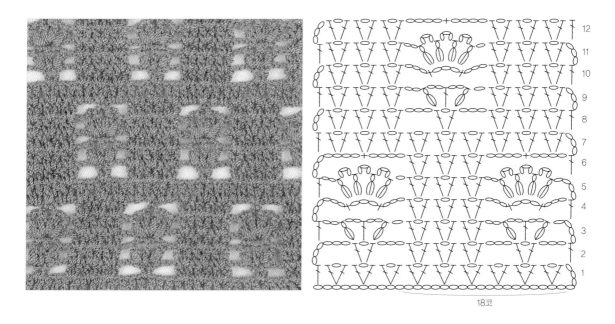

18코

420 16코 12단 1무늬

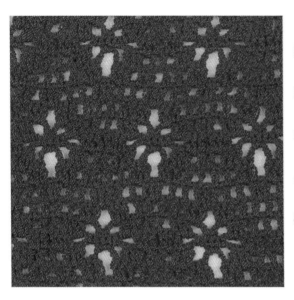

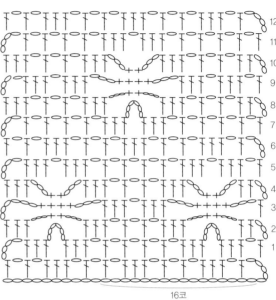

421 10코 4단 1무늬

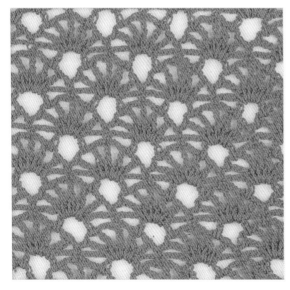

422 10코 2단 1무늬

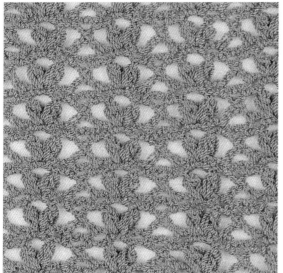

423 9코 2단 1무늬

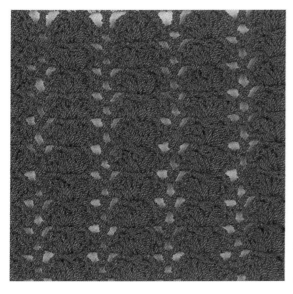

424 8코 6단 1무늬

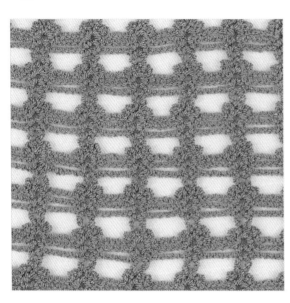
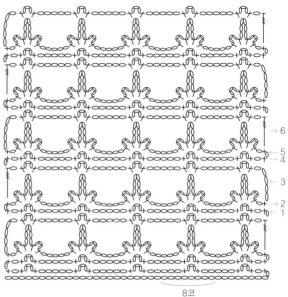

8코

425 8코 4단 1무늬

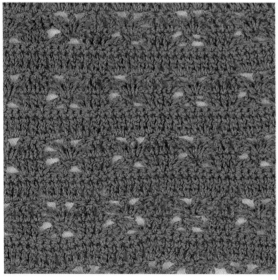
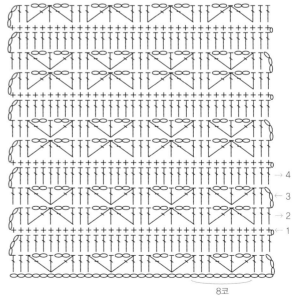

→ 4
→ 3
→ 2
→ 1

8코

426 8코 2단 1무늬

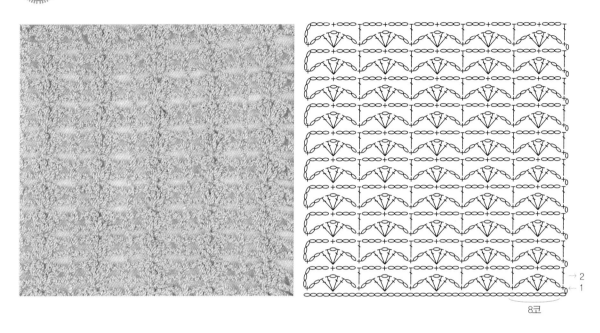

8코

427 7코 4단 1무늬

7코

428 6코 12단 1무늬

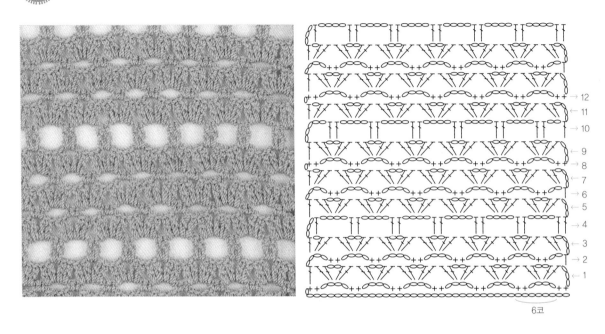

429 6코 4단 1무늬

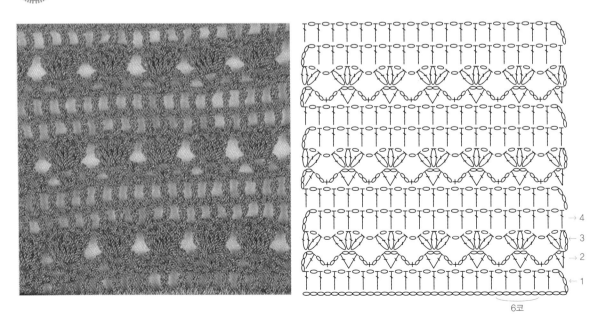

430 6코 2단 1무늬

431 5코 2단 1무늬

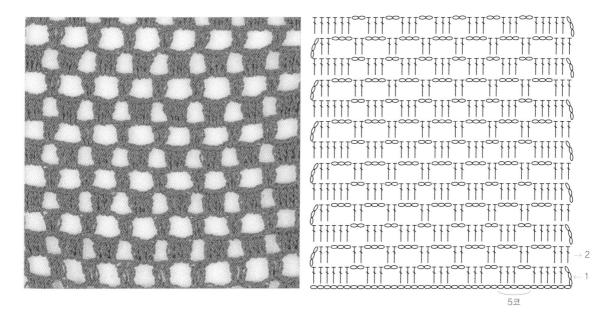

432 4코 2단 1무늬

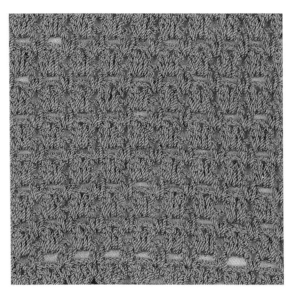

→ 2
→ 1

4코

433 4코 2단 1무늬

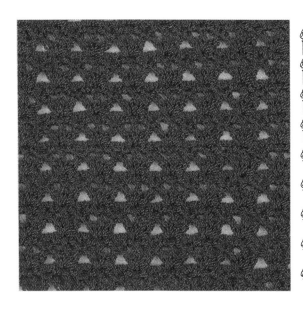

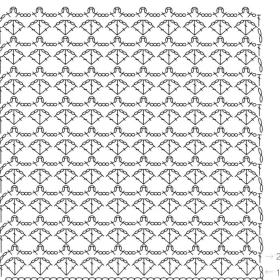

→ 2
→ 1

4코

434 4코 2단 1무늬

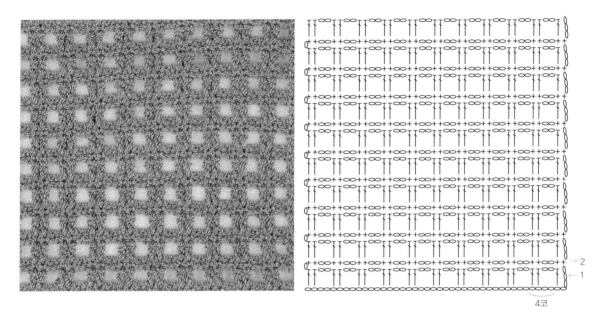

435 10코 4단 1무늬

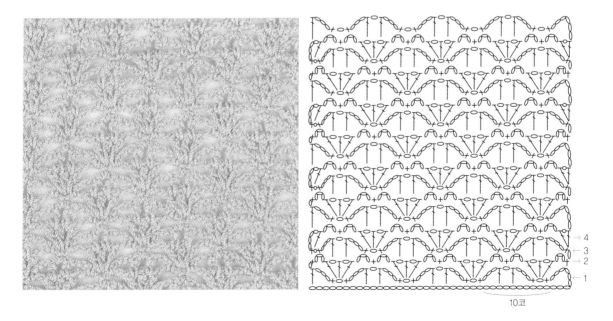

436 12코 6단 1무늬

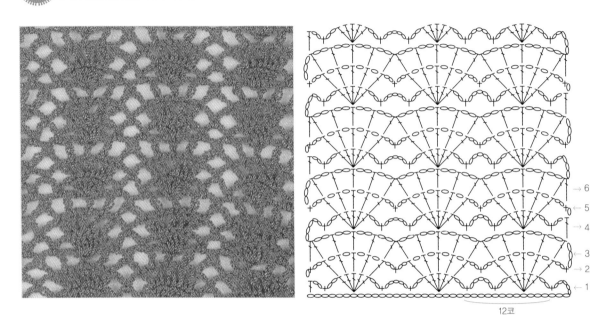

437 12코 6단 1무늬

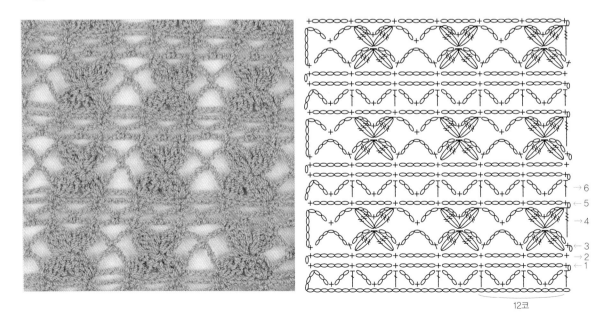

438 12코 8단 1무늬

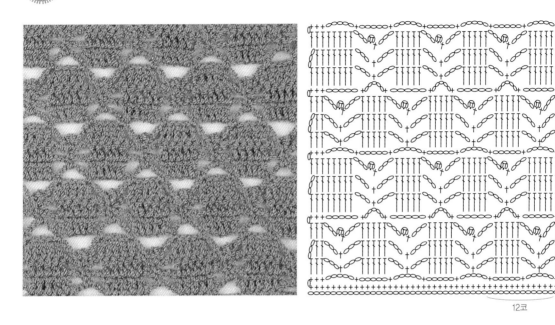

→ 8
→ 7
← 6
← 5
→ 4
→ 3
← 2
← 1

12코

439 12코 8단 1무늬

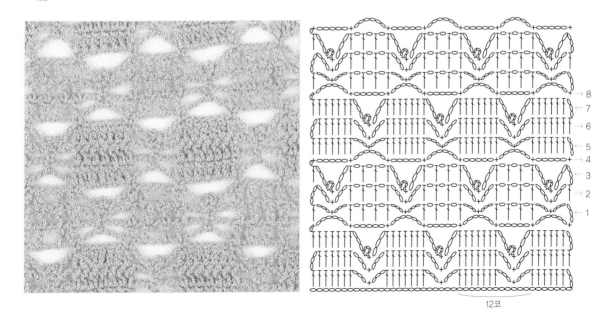

→ 8
→ 7
→ 6
← 5
← 4
← 3
→ 2
→ 1

12코

440 14코 4단 1무늬

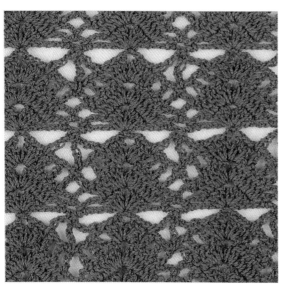

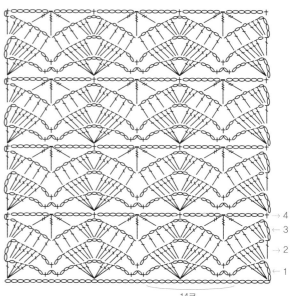

→ 4
← 3
→ 2
← 1

14코

441 14코 6단 1무늬

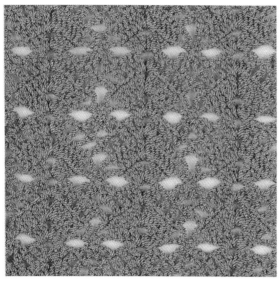

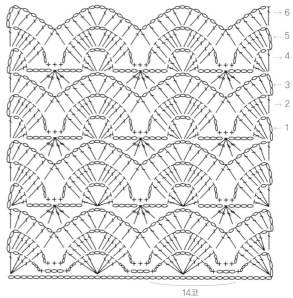

→ 6
← 5
→ 4
→ 3
← 2
← 1

14코

8코 4단 1무늬

8코

 10코 4단 1무늬

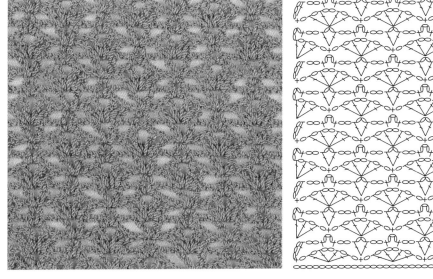

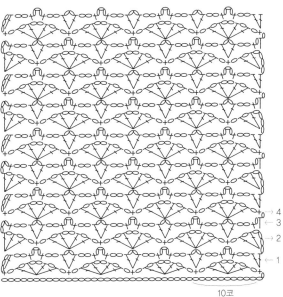

10코

444 10코 6단 1무늬

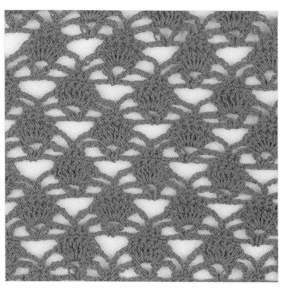

445 10코 8단 1무늬

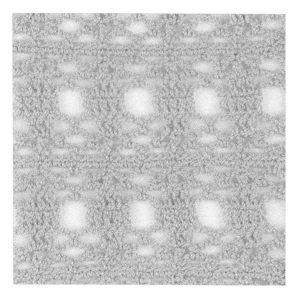

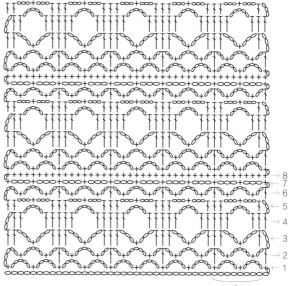

446 10코 10단 1무늬

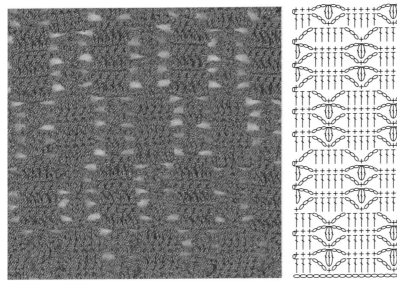

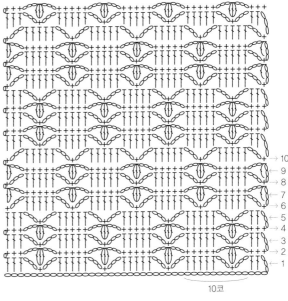

10코

447 12코 4단 1무늬

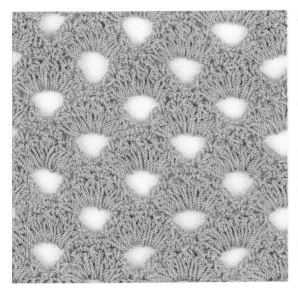

12코

448 11코 3단 1무늬

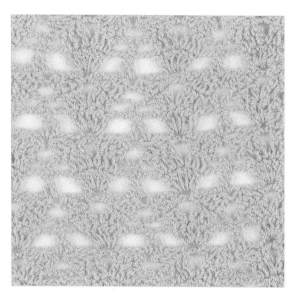

11코

449 10코 2단 1무늬

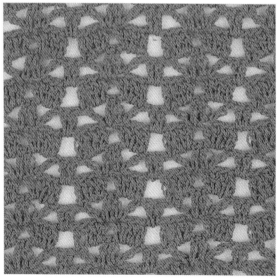

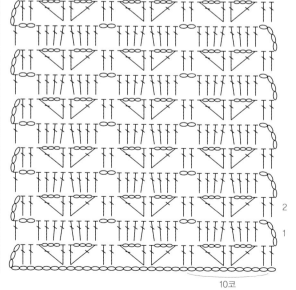

10코

450 16코 7단 1무늬

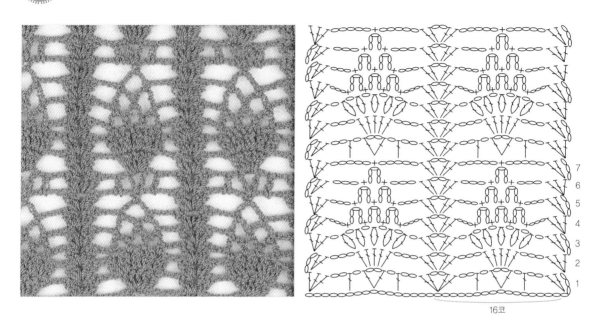

16코

451 22코 10단 1무늬

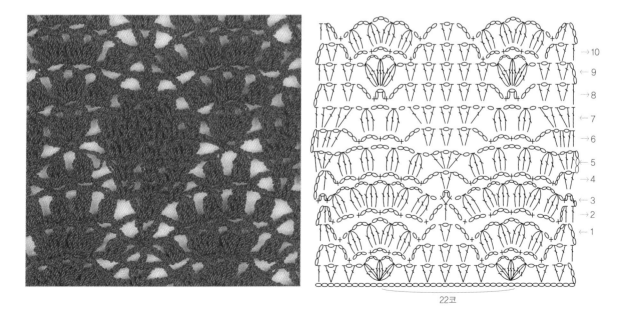

22코

452 8코 4단 1무늬

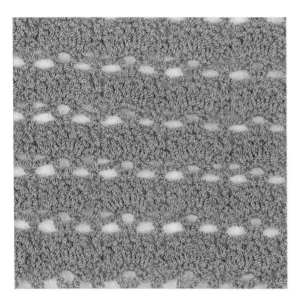
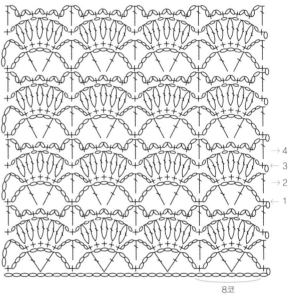

→ 4
← 3
→ 2
← 1

8코

453 19코 6단 1무늬

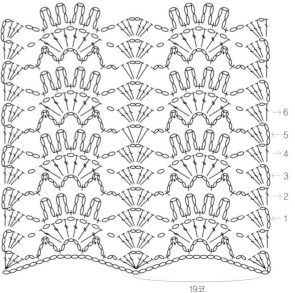

→ 6
← 5
→ 4
← 3
→ 2
← 1

19코

454 14코 12단 1무늬

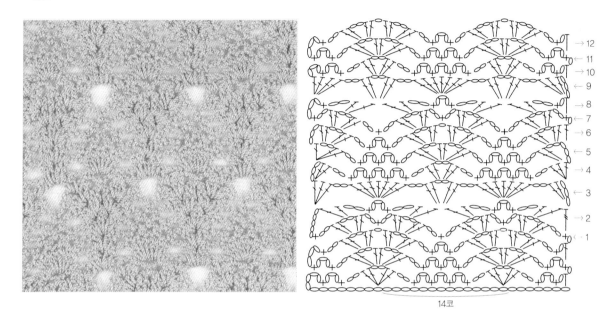

14코

455 10코 4단 1무늬

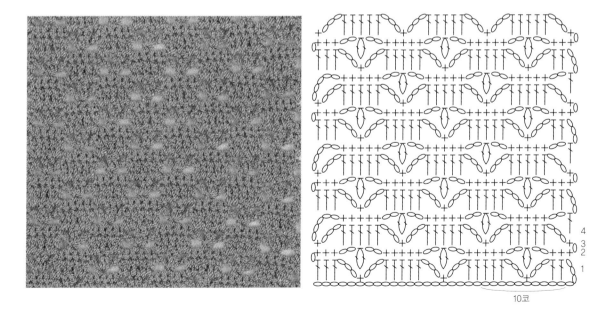

10코

456 11코 6단 1무늬

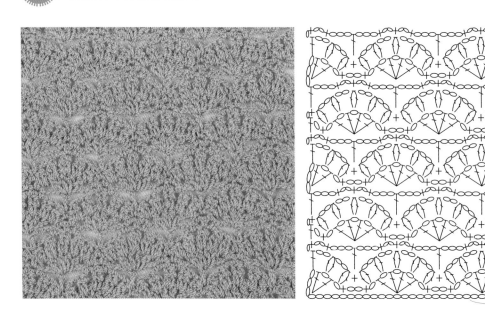

11코

457 4단 1무늬

1무늬

458 8코 2단 1무늬

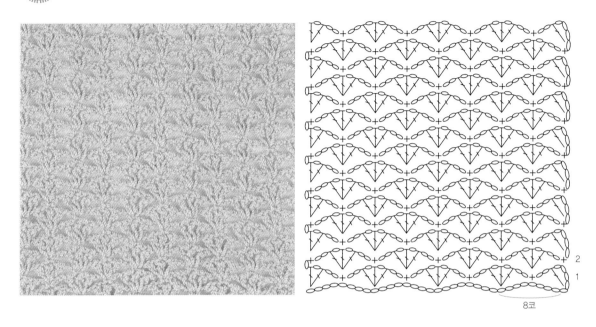

459 10코 4단 1무늬

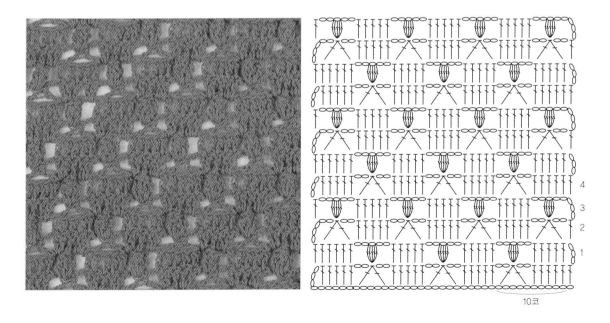

460 23코 2단 1무늬

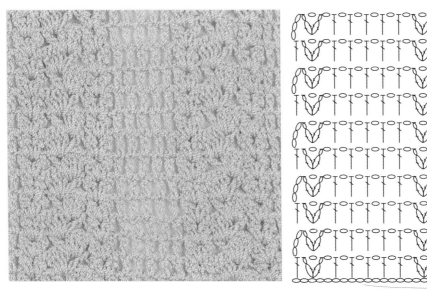

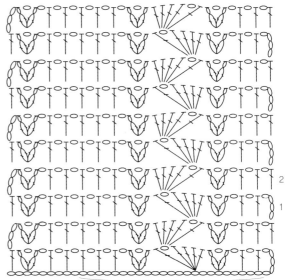

23코

461 16코 4단 1무늬

16코

462 23코 18단 1무늬

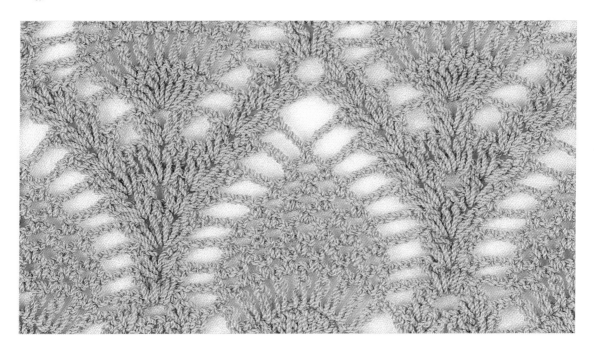

23코

463 13코 4단 1무늬

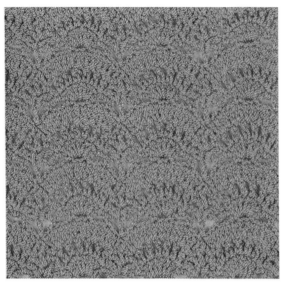

13코

464 11코 6단 1무늬

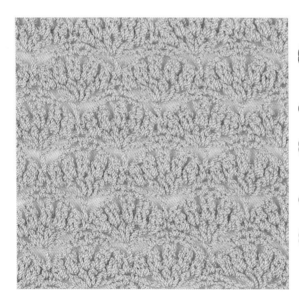

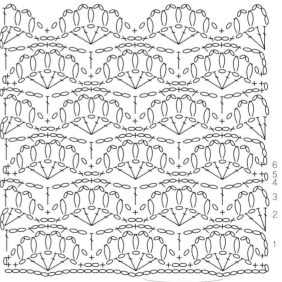

11코

465 14코 8단 1무늬

14코

466 12코 6단 1무늬

12코

467 16코 6단 1무늬

468 16코 4단 1무늬

469 16코 4단 1무늬

16코

470 12코 4단 1무늬

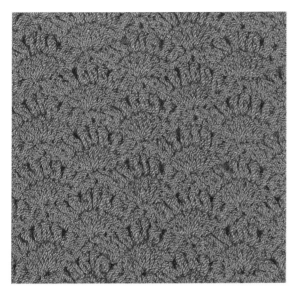

12코

471 15코 4단 1무늬

15코

472 12코 14단 1무늬

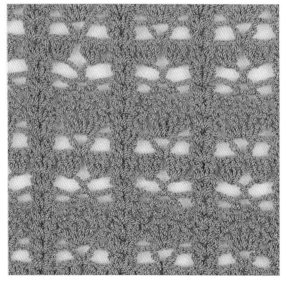

12코

473 10코 14단 1무늬

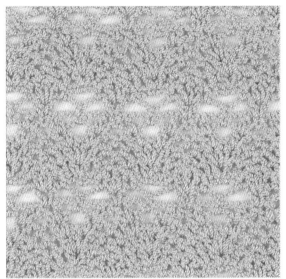

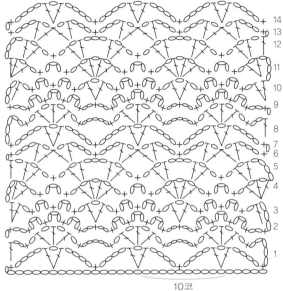

10코

474 12코 8단 1무늬

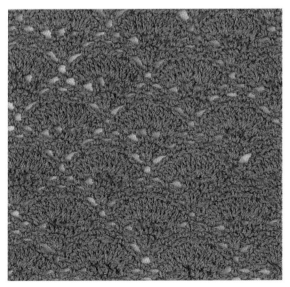

12코

475 12코 4단 1무늬

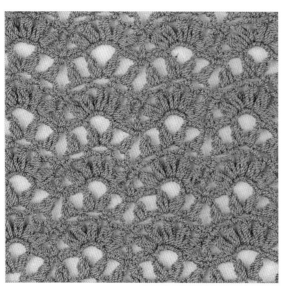

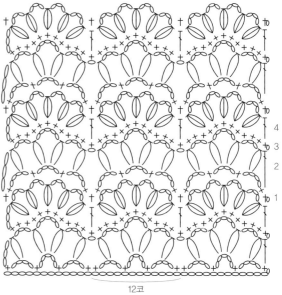

12코

476 15코 2단 1무늬

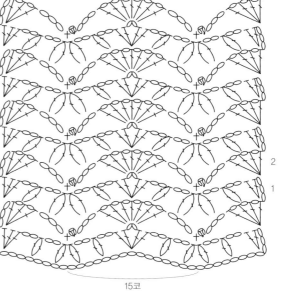

15코

477 5코 2단 1무늬

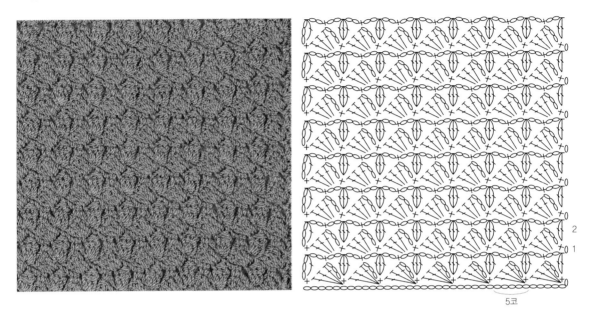

5코

478 5코 2단 1무늬

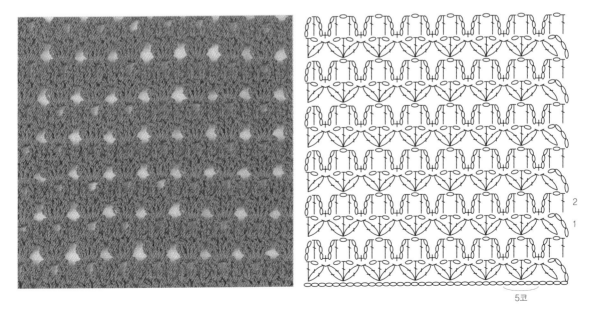

5코

479 12코 6단 1무늬

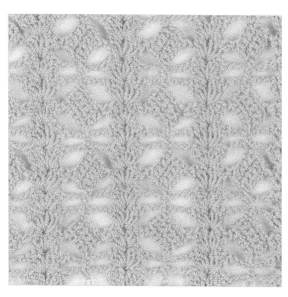

12코

480 22코 5단 1무늬

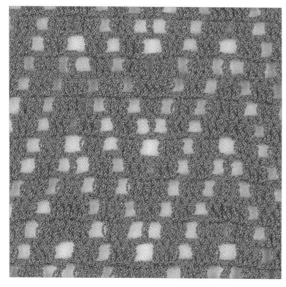

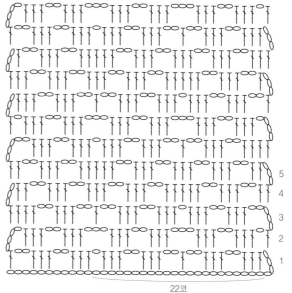

22코

481 · 24코 8단 1무늬

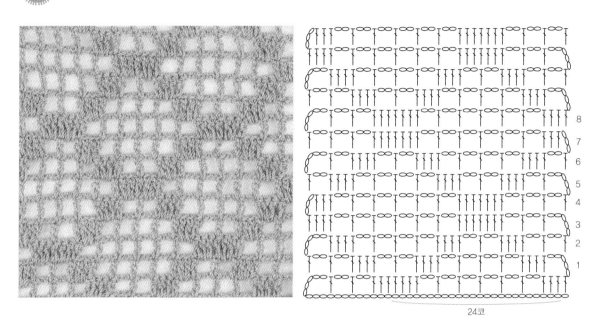

482 · 6코 5단 1무늬

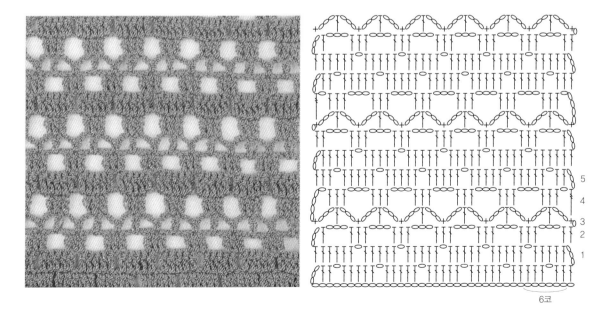

483 8코 6단 1무늬

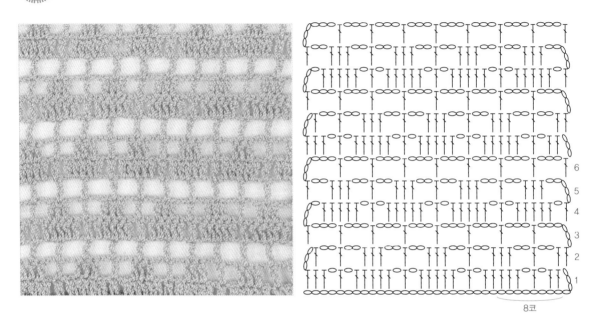

8코

484 7코 4단 1무늬

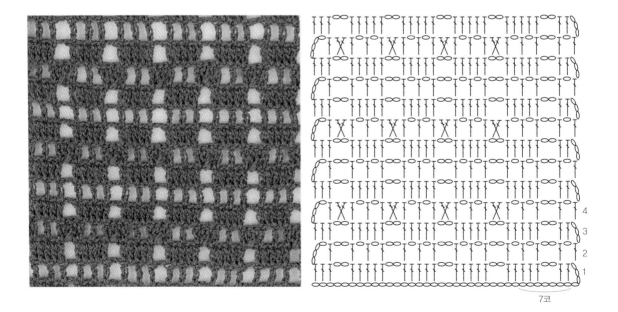

7코

485 6코 4단 1무늬

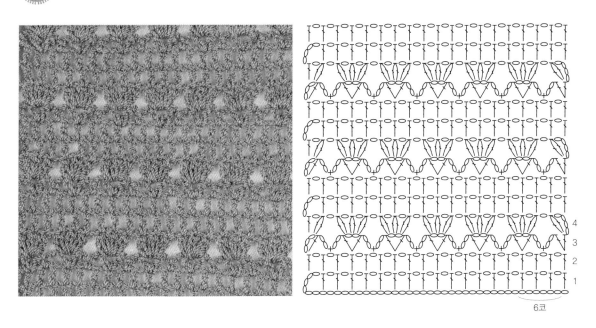

6코

486 12코 4단 1무늬

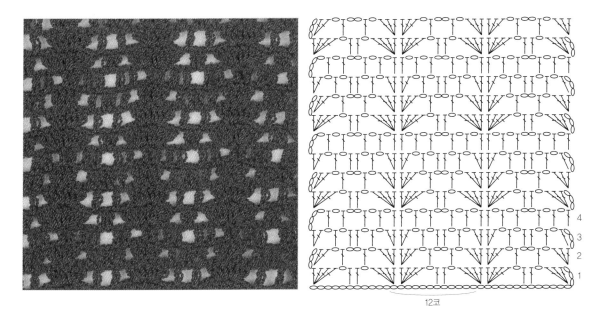

12코

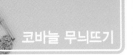
487 15코 2단 1무늬

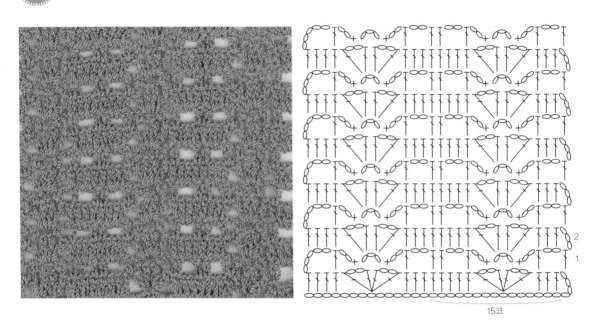

15코

488 10코 3단 1무늬

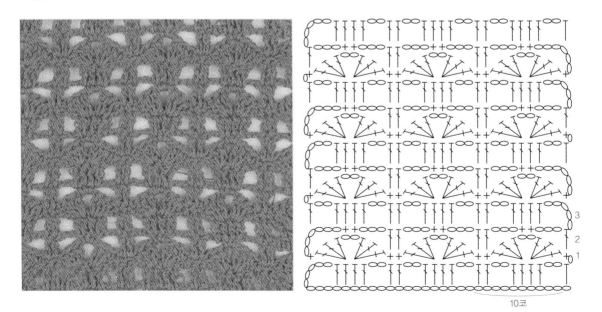

10코

489 11코 3단 1무늬

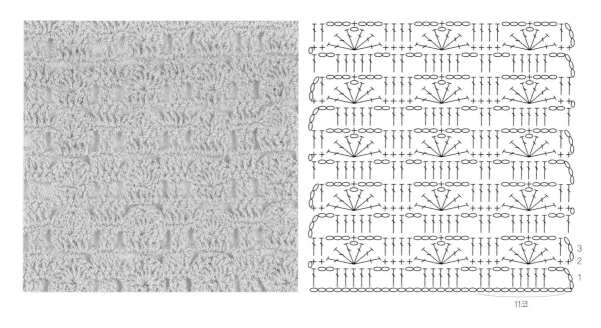

11코

490 12코 5단 1무늬

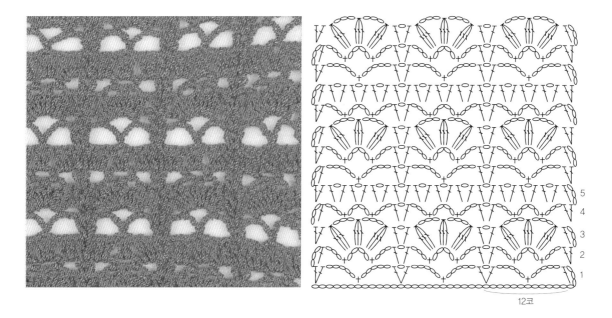

12코

491 15코 5단 1무늬

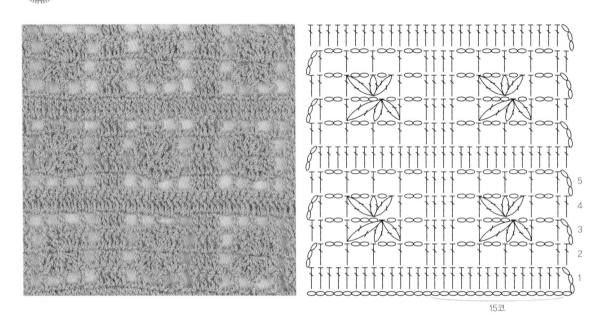

15코

492 6코 3단 1무늬

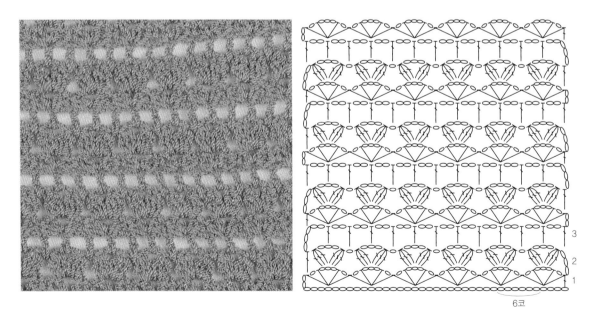

6코

493 24코 12단 1무늬

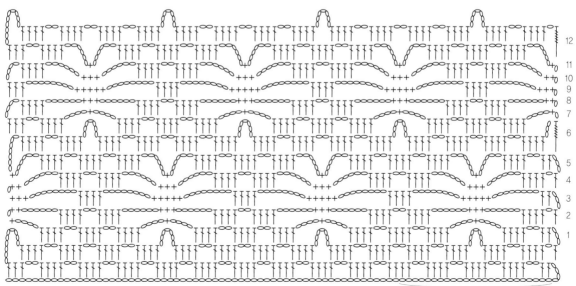

24코

494 24코 8단 1무늬

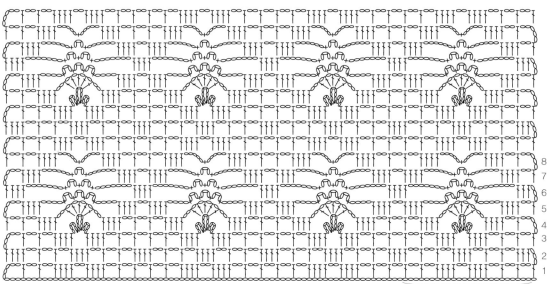

24코

495 8코 2단 1무늬

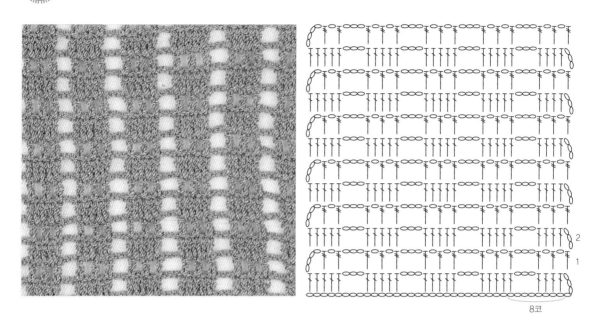

496 6코 4단 1무늬

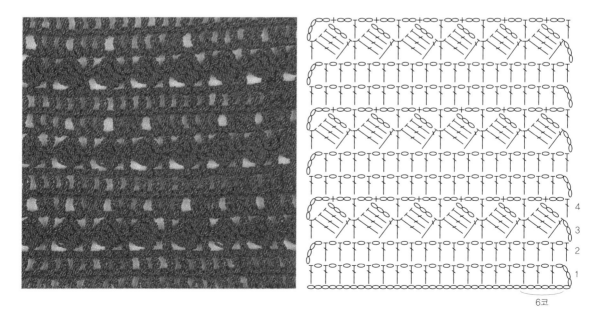

497 18코 6단 1무늬

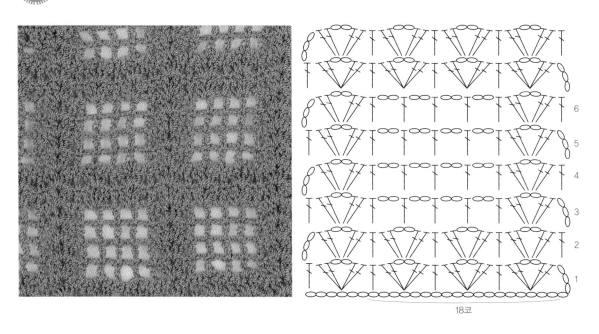

18코

498 12코 6단 1무늬

12코

499 52코 27단 1무늬

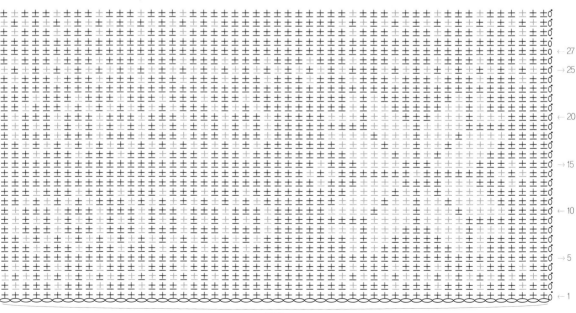

← 27
→ 25

← 20

→ 15

← 10

→ 5

← 1

52코

500 십이각 꽃 무늬 뜨기

뜨는 방법 및 활용법

- 가운데 고리를 만들고 짧은뜨기 18코를 떠서 시작점으로 무늬뜨기 하는데, 도안을 참고하여 뜬다.
- 기본 도안으로 방석 또는 table보를 활용하거나 사슬 칸뜨기 단 수를 늘려 큰 table보나 카펫으로 활용해도 좋다.

완성치수 : 61cm

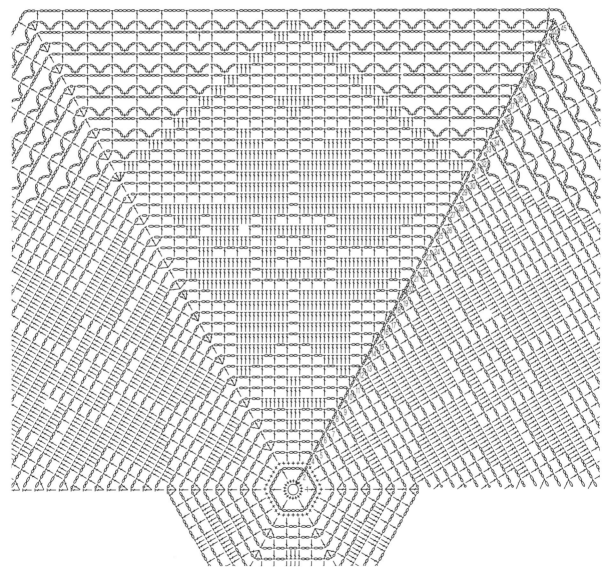

501 팔각 꽃 무늬 뜨기

뜨는 방법 및 활용법

- 사슬 8코로 고리를 만들고 짧은뜨기 16코를 떠서 시작점으로 하여 무늬뜨기 하는데, 도안을 참고하여 무늬뜨기 한다.
- table보나 패션 양산으로 활용하거나 가장자리에 사슬 칸뜨기 단 수를 늘려 큰 table보나 깔개로 활용하면 좋다.

완성치수 : Ø63cm

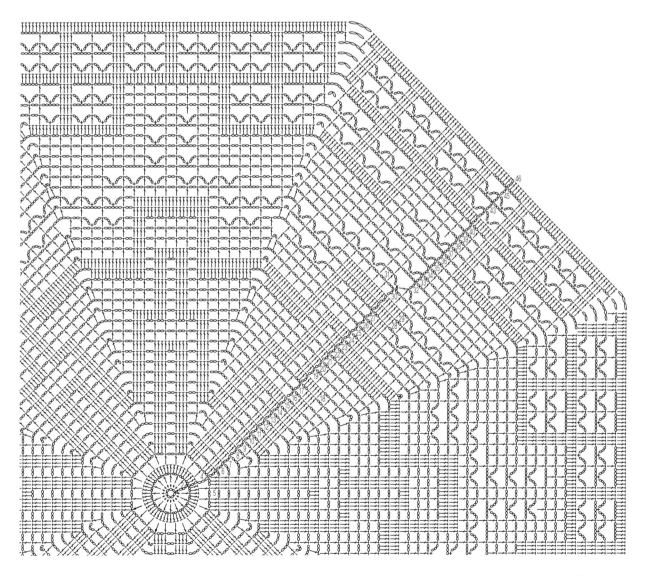

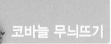
 방울무늬 뜨기

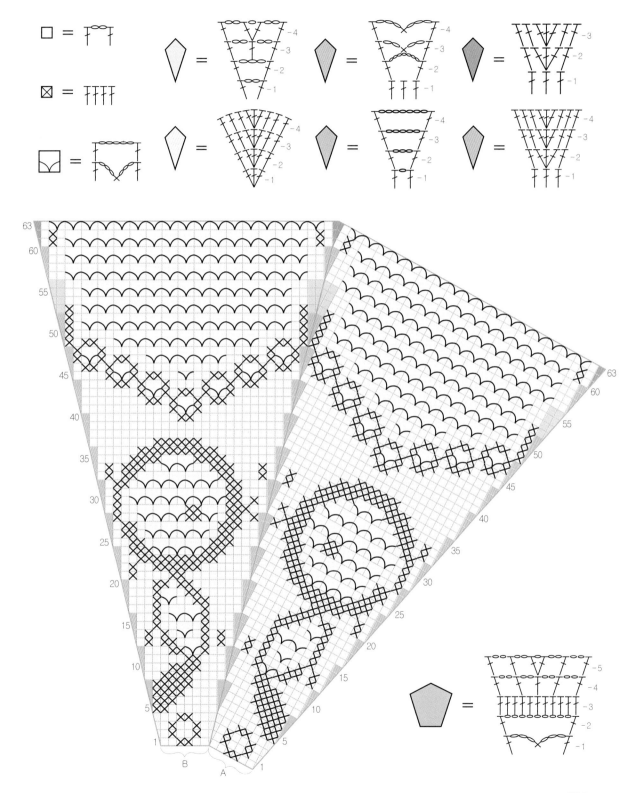

503 릴리 꽃 무늬 뜨기

뜨는 방법 및 활용법

- 사슬 187코(62칸+1코)를 시작코로 도안을 참고하여 무늬뜨기 한다.
- 기본 도안을 방석으로 활용하거나 칸뜨기 길이를 늘려 2장을 떠서 방문이나 창문 가리막으로 활용하면 좋다.

완성치수 : 42cm×43cm

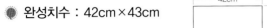

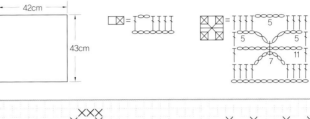

504 장미 꽃 액자 뜨기

뜨는 방법 및 활용법

- 사슬 181코(60칸+1코)를 시작코로 도안을 참고하여 무늬뜨기 한다.
- 쿠션이나 방석으로 활용하거나 무늬 여러 개를 떠서 카펫으로 활용하면 좋다.

완성치수 : 45cm×45cm

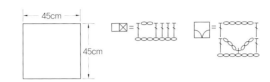

505 공작 무늬 액자 뜨기

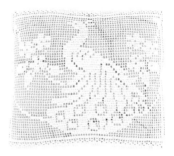

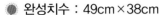 **뜨는 방법 및 활용법**

- 사슬 202코(67칸+1코)로 도안 참고하여 무늬뜨기 한다.

- 벽걸이 장식이나 가구 윗부분에 좁은 부분 가리개로 활용해도 좋다.

 **완성치수 : 49cm×38cm**

506 모란 꽃 무늬 뜨기

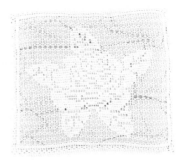

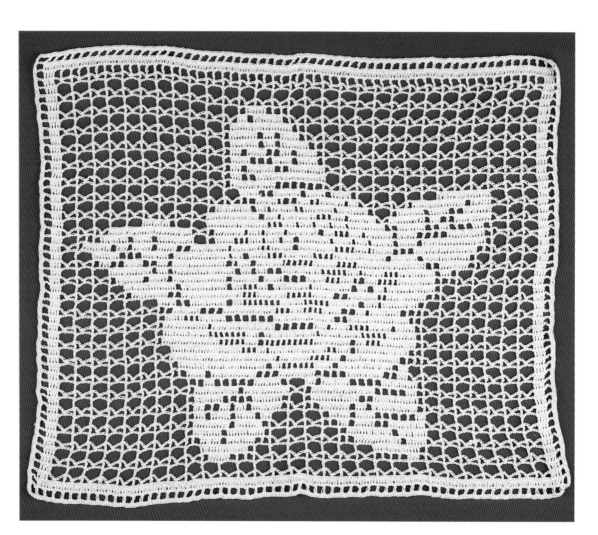

뜨는 방법 및 활용법

- 사슬 187코(62칸+1코)를 시작코로 도안을 참고해 무늬뜨기 한다.
- table 장식이나 쿠션 커버로 활용하면 좋다.

완성치수 : 47cm×38cm

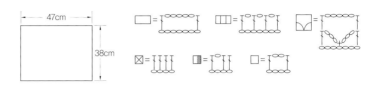

507 사방 장미 꽃 무늬 매트 뜨기

뜨는 방법 및 활용법

- 사슬 193코(64칸+1코)를 시작코로 도안을 참고하여 무늬뜨기 한다.
- 방석이나 쿠션 등으로 활용하거나 여러 장 떠서 모티브 활용할 수 있으며, 코 수를 늘려 모티브 느낌이 나게 깔개를 떠서 활용한다.

완성치수 : 48cm×45cm

508 네 잎 클로버 무늬 액자 뜨기

뜨는 방법 및 활용법

- 사슬 202코(67칸+1코)를 시작코로 도안을 참고하여 무늬뜨기 한다.

- 방석으로 활용하거나 단 수나 코 수를 조금 바꿔서 의자 덮개를 만들어 활용할 수 있다.

완성치수 : 49cm×49cm

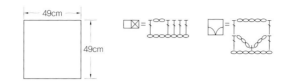

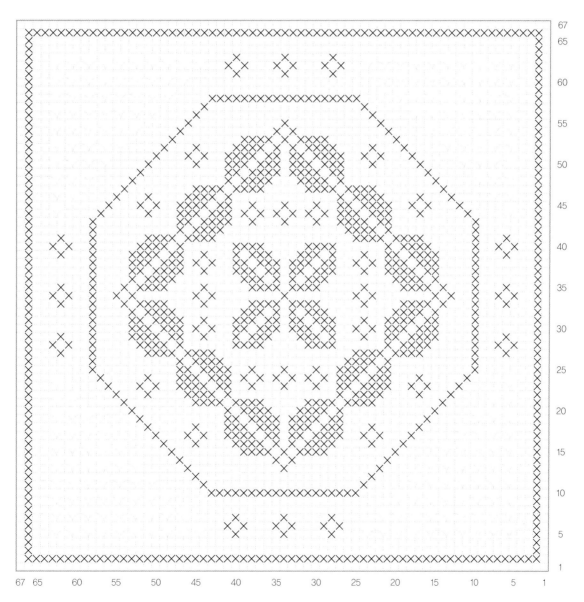

509 사랑의 하트 화살 액자 무늬 뜨기

🔴 뜨는 방법 및 활용법

- 사슬 184코(61칸+1코)를 시작코로 무늬뜨기하며 도안을 참고한다.

- 기본 방석이나 쿠션으로 활용하고, 모티브 뜨기를 하던 칸을 키워 무늬 수를 늘려 떠서 침대 커버나 소파 덮개로 활용하면 좋다.

🔴 완성치수 : 41cm×41cm

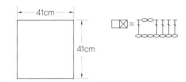

510 꼬인 무늬 뜨기

뜨는 방법 및 활용법

- 사슬 181코(60칸+1코)를 시작코로 도안을 참고하여 무늬뜨기 한다.
- 기본 도안을 방석이나 쿠션 등으로 활용하거나, 기본 도안을 길게 반복해서 뜨면 커튼이나 햇빛 가리개로 활용이 좋다.

완성치수 : 41cm×40cm

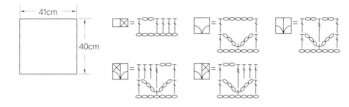

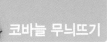

511 꽃 무늬 액자 뜨기

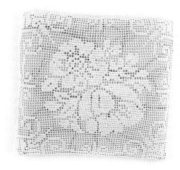

🔵 뜨는 방법 및 활용법

- 사슬 202코(67칸+1코)를 시작코로 도안을 참고하여 무늬뜨기 한다.

- table 덮개로 활용하거나 여러 장을 붙여 카펫이나 침대 커버로 활용해도 좋다.

🔵 완성치수 : 50cm × 47cm

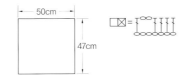

512 꽃 무늬 액자 뜨기

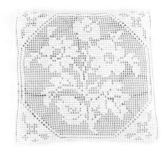

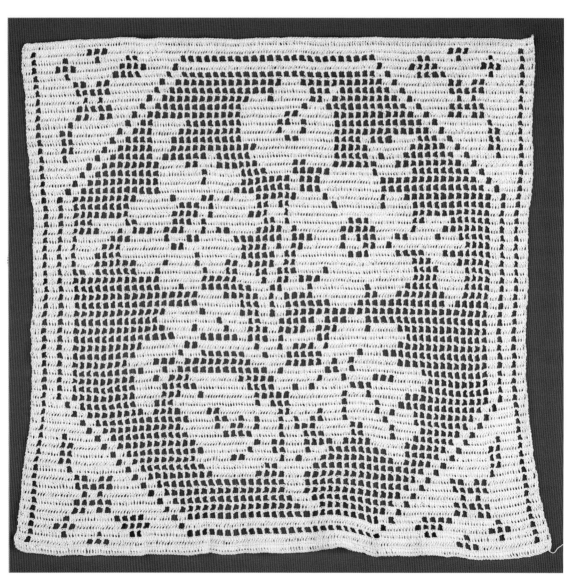

뜨는 방법 및 활용법

- 사슬 196코(65칸+1코)를 시작코로 도안을 참고하여 무늬뜨기 한다.

- 액자에 끼워 장식 벽걸이나 방석 및 쿠션으로 활용해도 좋고 모티브로 활용해도 좋다.

완성치수 : 44cm×43cm

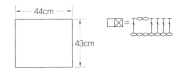

손뜨개 코바늘 무늬집

2018년 7월 20일 1판 1쇄
2024년 1월 20일 1판 2쇄

저자 : 임현지
펴낸이 : 남상호

펴낸곳 : 도서출판 예신
www.yesin.co.kr

04317 서울시 용산구 효창원로 64길 6
대표전화 : 704-4233, 팩스 : 335-1986
등록번호 : 제3-01365호(2002.4.18)

값 26,000원

ISBN : 978-89-5649-165-3